四川省工程建设地方标准

四川省地基与基础工程施工工艺规程

Technical specification of construction for subgrade foundation in Sichuan Province

DB51/T5048－2017

主编部门： 四 川 省 住 房 和 城 乡 建 设 厅
批准部门： 四 川 省 住 房 和 城 乡 建 设 厅
施行日期： 2 0 1 7 年 1 2 月 1 日

西南交通大学出版社

2017 成 都

图书在版编目（ＣＩＰ）数据

四川省地基与基础工程施工工艺规程/四川建筑职
业技术学院主编. —成都：西南交通大学出版社，
2018.1
（四川省工程建设地方标准）
ISBN 978-7-5643-5911-9

Ⅰ. ①四… Ⅱ. ①四… Ⅲ. ①地基－工程施工－技术
规范－四川②基础施工－技术规范－四川 Ⅳ.
①TU47-65②TU753-65

中国版本图书馆 CIP 数据核字（2017）第 289597 号

四川省工程建设地方标准

四川省地基与基础工程施工工艺规程

主编单位　四川建筑职业技术学院

责 任 编 辑	姜锡伟	
助 理 编 辑	王同晓	
封 面 设 计	原谋书装	
出 版 发 行	西南交通大学出版社	
	（四川省成都市二环路北一段 111 号	
	西南交通大学创新大厦 21 楼）	
发行部电话	028-87600564　028-87600533	
邮 政 编 码	610031	
网　　　　址	http://www.xnjdcbs.com	
印　　　　刷	成都蜀通印务有限责任公司	
成 品 尺 寸	140 mm × 203 mm	
印　　　　张	6.75	
字　　　　数	173 千	
版　　　　次	2018 年 1 月第 1 版	
印　　　　次	2018 年 1 月第 1 次	
书　　　　号	ISBN 978-7-5643-5911-9	
定　　　　价	43.00 元	

关于发布工程建设地方标准
《四川省地基与基础工程施工工艺规程》的通知
川建标发〔2017〕598号

各市州及扩权试点县住房城乡建设行政主管部门，各有关单位：
由四川建筑职业技术学院主编的《四川省地基与基础工程施工工艺规程》已经我厅组织专家审查通过，现批准为四川省推荐性工程建设地方标准，编号为：DB51/T5048－2017，自2017年12月1日起在全省实施，原《地基与基础工程施工工艺规程》DB51/T5048－2007于本规程实施之日起作废。
该标准由四川省位房和城乡建设厅负责管理，四川建筑职业技术学院负责技术内容解释。

四川省住房和城乡建设厅
2017年8月15日

前　言

根据四川省住房和城乡建设厅《关于下达四川省工程建设地方标准〈四川省地基与基础工程施工工艺规程〉修订计划的通知》（川建标发〔2015〕682号）的要求，规程编制组经广泛的调查研究，认真总结工程实际经验，参考有关国家及地方标准，在广泛征求意见的基础上修订完成本规程。

本规程共7章及8个附录。主要技术内容是：总则；术语；基本规定；地基；桩基础；土方工程；基坑支护。

本次修订的主要技术内容是：1. 新增静压钢管桩；2. 新增旋挖成孔灌注桩；3. 新增桩端后注浆施工工艺；4. 新增职业健康相关内容；5. 新增基坑监测相关内容；6. 按《建筑地基处理技术规范》JGJ 79、《建筑基坑支护技术规程》JGJ 120的规定对部分内容进行了合并、修改、补充；7. 删除了部分不适用的技术内容；8. 将原规程的"锚杆（索）及土钉墙"部分分成了"土钉墙"和"锚杆（索）"两部分，并充实了相关技术内容；9. 充实了土方工程一般规定和基坑开挖技术内容；10. 充实了附录。

本规程由四川省住房和城乡建设厅负责管理，由四川建筑职业技术学院负责具体技术内容的解释。

在实施过程中，望相关单位注意积累经验和资料，当发现有问题或有建议时，请函告四川建筑职业技术学院（地址：四川省德阳市嘉陵江西路4号；E-mail：steven_hch@163.com；邮编：618000；联系电话：0838-2651998）。

主 编 单 位：四川建筑职业技术学院

参 编 单 位：成都市勘察测绘研究院

四川省蜀通岩土工程公司

核工业西南勘察设计研究院有限公司

主要起草人：张若美　　任中山　　高建华　　王义军

赵　跃　　宫自强　　丁建红　　刘晶晶

王　雄

主要审查人：康景文　　罗进元　　李晓岑　　何开明

夏　葵　　温　江　　刘建国

目　次

Contents

1 总　则

1.0.1　为了加强建筑工程施工质量管理，提高地基与基础工程的施工技术水平，保障地基与基础工程的施工质量和安全，制定本规程。

1.0.2　本规程适用于四川省建筑地基与基础工程施工过程的质量控制。

1.0.3　地基与基础施工工艺应依据现行国家标准《建筑地基基础工程施工质量验收规范》GB 50202、《建筑地基基础工程施工规范》GB 51004 和行业标准《建筑地基处理技术规范》JGJ 79 等的原则和要求，结合场地条件、设计文件等情况选用。

1.0.4　地基与基础工程的施工除执行本规程的规定外，尚应符合国家和四川省现行有关标准的规定。

2 术 语

2.0.1 地基　subgrade，foundation soils

支承基础的土体或岩体。

2.0.2 基础　foundation

将结构所承受的各种作用传递到地基上的结构组成部分。

2.0.3 地基处理　ground treatment

为提高地基承载力，改善其变形性能或渗透性能而采取的技术措施。

2.0.4 复合地基　composite subgrade，composite foundation

部分土体被增强或被置换，形成由地基土和竖向增强体共同承担荷载的人工地基。

2.0.5 土工合成材料地基　geosynthetics foundation

在土工合成材料上或之间填以土、砂石料等构成的人工地基。

2.0.6 强夯地基　dynamic consolidation foundation

反复将夯锤提到高处使其自由落下，给地基以冲击和振动能量，将地基土夯实或置换形成密实墩体的人工地基。

2.0.7 注浆地基　grouting foundation

将配置好的化学浆液或水泥浆液通过导管注入土体孔隙中，与土体结合并发生物化反应，从而提高土体强度，减小其压缩性和渗透性的人工地基。

2.0.8 预压地基　preloading foundation

在原状土上加载，使土中水排出，以实现土的预先固结，减少地基后期变形和提高地基承载力的人工地基。

2.0.9 高压喷射注浆地基 jet grouting foundation

利用钻机把带有喷嘴的注浆管钻至土层的预定位置或先钻孔后将注浆管放至预定位置，以高压使浆液或水从喷嘴中射出，边旋转边喷射浆液，使土体与浆液搅拌混合固结形成的人工地基。

2.0.10 水泥土搅拌桩复合地基 composite foundation with cement deep mixed columns

利用水泥作为固化剂，通过深层搅拌机械将其与地基土强制搅拌，硬化后形成竖向增强体的复合地基。

2.0.11 土与灰土挤密桩地基 soil-lime cmpacted column

成孔后，在原土中分层填以素土或灰土，并夯实，使填土压密，同时挤密周围土体，构成坚实的地基。

2.0.12 水泥粉煤灰碎石桩复合地基 composite foundation with cement-fiyash-gravel piles

成孔后，将水泥、粉煤灰及碎石等混合料加水拌和，在土中灌注形成竖向增强体的复合地基。

2.0.13 桩基础 pile foundation

由基桩和连接于桩顶的承台共同组成。当桩身全部埋于土中，承台底面与土体接触时，称为低承台桩基；当桩身上部露出地面而承台底面位于地面以上时，称为高承台桩基。建筑桩基通常为低承台桩基。

2.0.14 基桩 foundation pile

群桩基础中的单桩。

2.0.15 单桩基础 single-pile foundation

采用一根桩以承受和传递上部结构（通常为柱）荷载的桩基础。

2.0.16 群桩基础 group pile foundation

由2根及以上基桩组成的桩基础。

2.0.17 复合桩基 composite pile foundation

由桩和承台底地基土共同承担荷载的桩基。

2.0.18 嵌岩桩 rock-socketed piles

端部嵌入基岩一定深度的桩。

2.0.19 旋挖成孔灌注桩 rotary digging filling pile

采用旋挖钻机以一定的施工工艺成孔形成的灌注桩。

2.0.20 桩端后注浆 pile by base post grouting

先以一定方式成桩，然后再进行桩底注浆。是对已有工程桩的补强措施，可大幅度提高桩体承载力，减小沉降及变形。

2.0.21 建筑基坑 building foundation pit

为进行建筑物（包括构筑物）基础与地下室的施工所开挖的地面以下空间。

2.0.22 基坑周边环境 surroundings around foundation pit

基坑开挖影响范围内包括既有建（构）筑物、道路、地下设施、地下管线、岩土体及地下水体等条件及现状的统称。

2.0.23 基坑支护 retaining and protecting for foundation pit

为保证地下结构施工及基坑周边环境的安全，对基坑侧壁及周边环境采用的支挡、加固与保护措施。

2.0.24 排桩 piles in row

以某种桩型按一定形式布置组成的基坑支护结构。

2.0.25 土钉墙 soil nailing

采用土钉加固的基坑侧壁土体与护面等组成的支护结构。

2.0.26 锚杆（索） anchor arm（rope）

由设置于钻孔内，端部深入稳定土层中的钢管、钢筋或钢绞线与孔内注浆体组成的受拉杆体。

2.0.27　冠梁　top beam

设置在支护结构顶部的钢筋混凝土连梁。

2.0.28　腰梁　middle beam

设置在支护结构侧面的连接锚杆（索）或内支撑杆件的钢筋混凝土梁或钢梁

2.0.29　嵌固深度　embedded depth

桩墙支护结构在基坑开挖底面以下的埋置深度。

3 基本规定

3.0.1 地基与基础工程施工前，应具备下列资料：

　　1 岩土工程勘察报告；

　　2 设计文件；

　　3 拟建工程施工影响范围内的建（构）筑物、地下管线和障碍物等资料；

　　4 施工组织设计、专项施工方案和监测方案。

3.0.2 地基与基础工程施工前，应了解邻近建（构）筑物的上部结构及基础等的详细情况。当影响其使用安全，应会同有关单位采取有效措施处理。

3.0.3 地基与基础工程，应在完成各项准备工作，并且所需施工机械设备和管线安装妥善并经试运转正常后，方可施工。

3.0.4 地基与基础工程施工中，轴线定位点及高程水准点经复核后应妥善保护，并定期复测。

3.0.5 地基与基础工程施工所用的材料应按设计要求选用，并应符合现行国家和地方材料标准的有关规定。

3.0.6 地基与基础工程施工当采用新工艺时，应进行现场试验。

3.0.7 地基与基础工程施工，应在上道工序验收合格后，进行下道工序的施工，并应按检验批、分项工程、（子分部）分部工程进行验收。

3.0.8 地基与基础工程施工应做好施工记录。

3.0.9 地基与基础工程施工过程中出现异常情况时，应停止施工，由各有关单位会同分析情况，消除质量隐患，并应形成文件资料；必要时应及时采取应急措施，避免造成安全事故和重大经济损失。

3.0.10 地基与基础工程施工中，当发现有文物、古迹遗址或化石等，应立即停止施工并报告有关部门。

4 地 基

4.1 一般规定

4.1.1 施工前应测量和复核地基的平面位置与标高。

4.1.2 地基施工时应及时排除场地积水，不得在浸水条件下施工。

4.1.3 施工过程中不应扰动基底土体，或采取减少扰动基底土体的保护措施。

4.1.4 地基加固工程，应在正式施工前进行试验段施工，论证设定的施工参数及加固效果。工程验收承载力检验时，静载荷试验最大加载量不应小于设计要求的承载力特征值的 2 倍。

4.1.5 地基处理工程的验收检验应制定检验方案，选择适宜的检查方法。当采用一种检验方法的检测结果具有不确定性时，应采用其他检验方法进行验证。

4.1.6 检查方法、检验数量、抽检位置应按照现行行业标准《建筑地基处理技术规范》JGJ 79、《建筑基桩检测技术规范》JGJ 106 及四川省地方标准《四川省建筑地基基础检测技术规范》DBJ51/T014 的规定执行。

4.1.7 管桩复合地基、载体桩复合地基、大直径素灌注桩复合地基参见四川省相关专项标准。

4.2 换填地基

Ⅰ 灰土地基

4.2.1 灰土地基适用于处理深度 0.5 m～3.0 m 厚的软弱土层。

4.2.2 灰土地基施工前应做下列准备：

1 技术准备包括下列内容：

1）熟悉设计文件和岩土工程勘察报告，准确理解设计意图，掌握原基土层的工程特性、土质及地下水情况；

2）根据工程特点、填料种类、压实系数、施工条件等，进行必要的压实试验，确定施工方法；

3）编制施工方案和进行技术交底。

2 材料准备应根据设计要求及施工现场情况，制订土料、熟石灰、生石灰粉、砂、砂石料或土工合成材料的采购计划，并按计划组织材料进场。

3 施工前准备的主要机具包括蛙式打夯机、机动翻斗车、筛子、标准斗、靠尺、钢尺、铁耙、铁锹、水桶、喷壶、手推车、推土机、压路机等。

4 施工前应满足下列作业条件：

1）基槽（坑）换填前应先核对地质条件（特别应注意淤泥及淤泥质土的分布），必要时应进行钎探。垫层底部存在古井、古墓、洞穴、旧基础、暗塘等时，应按设计要求进行处理，经检验合格后办理完隐蔽验收手续和地基验槽记录（天然地基验槽见附录 A）；

2）有地下水时，已采取排水或降低地下水位措施，使地下水位低于基底底面 500 mm 以下；

3）已在基坑（槽）、管沟的边坡或地坪设置好定位桩。

4.2.3 灰土地基材料应符合下列规定：

1 土料宜采用就地挖出的黏性土料或塑性指数大于 4 的粉土，土内有机质的含量不宜大于 5%；

2 土料使用前应过筛，其粒径不得大于 15 mm，土料施工时的含水量应控制在最佳含水量（由室内击实试验确定）的 ±2%范围内；

3 熟石灰应采用生石灰块（块灰的含量不少于 20%），使用前应用清水熟化，使其充分消解成粉末，并应过筛，其最大粒径不得大于 5 mm，并不得夹有未熟化的生石灰块及其他杂质；

4 采用生石灰粉代替熟石灰时，在使用前按体积比预先与黏土拌合并洒水堆放 8 h 后方可铺设，生石灰粉质量应符合国家现行行业标准《建筑生石灰》JC/T 479 的规定，进场时应有生产厂家的产品质量证明书。

4.2.4 灰土地基施工工艺应按图 4.2.4 执行，并应符合下列规定：

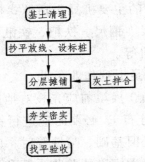

图 4.2.4 灰土地基施工工艺规程

1 铺设灰土前先检验基土土层，要求平整干净，不积水。

2 做好测量放线，在基坑（槽）、管沟的边坡或在地坪上钉好木桩，作为控制摊铺灰土厚度的依据。

3 灰土拌合应符合下列规定：

1）灰土配合比应符合设计要求，石灰与土的体积比宜为 2：8 或 3：7；

2）灰土拌合，可采用人工翻拌或机拌，应控制好配合比，土料水分过大或不足时，应晾干或洒水湿润。

4 分层摊铺与夯实应符合下列规定：

1）灰土每层摊铺厚度可按照不同的施工方法参照表 4.2.4 选用，每层灰土的夯打遍数，应根据设计要求的干密度由现场夯（压）试验确定。

表 4.2.4　灰土最大虚铺厚度

序号	夯实机具种类	重量/t	虚铺厚度/mm	备　注
1	石夯、木夯	0.04～0.08	200～250	人力送夯，落距 400 mm～500 mm，一夯压半夯
2	轻型夯实机械	0.12～0.4	200～250	蛙式打夯机、柴油打夯机等
3	压路机	6～10	200～300	双轮静作用或振动压路机

2）灰土分段施工时，不得在墙角、柱基及承重窗间墙下接缝，上下两层灰土的接缝距离不得小于 500 mm，接缝处灰土应夯实。当灰土地基标高不同时，应做成阶梯形，每阶宽度不小于 500 mm，高宽比宜为 1：2。

3）灰土应随铺填随夯压密实，铺填完的灰土不得隔日夯压。夯实后的灰土，3 d 内不得受水浸泡，在地下水位以下的基坑（槽）内施工时，应采取降、排水措施。

5 灰土施工应尽量避开雨期，雨期施工时应连续进行，尽快完成。对刚夯打完毕或尚未夯实的灰土，如遭受雨淋浸泡，应将积水及松软灰土除去并补填夯实，受浸湿的灰土，应晾干后再夯打密实。

4.2.5 灰土地基施工的质量控制要点：

1 施工前应检查灰土的土料、石灰或水泥（当水泥替代灰土中的石灰时）等材料及配合比是否符合设计要求，灰土搅拌是否均匀。

2 施工过程中应检查分层铺设的厚度、分段施工时上下两层的搭接长度、夯实时的加水量、夯压遍数。

3 灰土地基每层夯（压）密实后，应检查压实系数。灰土施工应逐层用环刀取样测出其干密度，压实系数应符合设计要求，取样点应位于每层厚度的 2/3 处。

4 灰土地基施工最上一层完成后，应拉线或用靠尺检查标高和平整度，超高处用铁锹铲平，低洼处应及时补打灰土。

5 施工结束后，应按设计要求和规定的方法检验灰土地基的承载力。

4.2.6 灰土地基施工完成后对成品的保护应包括下列措施：

1 灰土地基施工后，应及时施工基础与进行基坑（槽）回填，或作临时覆盖，防止日晒雨淋；

2 基坑（槽）四周作好挡、排水设施，防止受雨水浸泡。

4.2.7 灰土地基施工的安全、环保及职业健康措施应包括下列内容：

1 进行灰土铺设、熟石灰和石灰过筛操作时，操作人员应戴口罩、风镜、手套、套袖等劳动保护用品，铺设中不得扬尘；

2 施工机械用电应采用一机一闸一保护；

3 夯填灰土前，应先检查打夯机电线绝缘是否完好，接地线、开关是否符合要求，使用打夯机应由两人操作，其中一人负责移动打夯机胶皮电线；

4 打夯机操作人员，应戴绝缘手套和穿绝缘鞋，防止漏电伤人；

5 土料运输应加以覆盖，防止遗洒，场内存放的土料应采取防止扬尘措施；

6 注意控制机械噪声，不得扰民。

4.2.8 灰土地基施工的质量检验标准应符合表 4.2.8 的规定。

表 4.2.8 灰土地基质量检验标准

项目	序	检查项目	允许偏差或允许值		检查方法
			单位	数值	
主控项目	1	地基承载力	设计要求		按规定的方法
	2	配合比	设计要求		按拌合时的体积比
	3	压实系数	设计要求		现场实测
一般项目	1	石灰粒径	mm	≤5	筛分法
	2	土料有机质含量	%	≤5	试验室焙烧法
	3	土颗粒粒径	mm	≤15	筛分法
	4	含水量（与要求的最佳含水量比较）	%	±2	烘干法
	5	分层厚度偏差（与设计要求比较）	mm	±50	水准仪

4.2.9 灰土地基施工的质量记录应包括下列内容：

1 土料、石灰的试验报告或产品质量证明书；

2 每层灰土的干密度试验报告和取样点位图；

3 检验批验收记录；

4 隐蔽验收记录（含地基验槽记录）。

Ⅱ 砂石地基

4.2.10 砂石地基适用于处理厚度 3.0 m 以内的软弱土层。

4.2.11 砂石地基施工前应做下列准备：

1 技术准备应包括下列内容：

1）根据设计要求选用砂或砂石材料，经试验检验材料的颗粒级配、有机质含量、含泥量等，确定混合材料的配合比；

2）编制施工方案和进行技术交底。

2 材料准备应根据计划用量准备好砂或砂石料。

3 施工前应准备的主要机具包括压路机、推土机、蛙式打夯机、平板式振动器、机动翻斗车、铁锹、铁耙、量具、水桶、喷壶、手推胶轮车、2 m 靠尺等。

4 砂石地基施工前应满足下列作业条件：

1）砂或砂石材料已按设计要求种类和需用量进场，并已验收合格；

2）主要夯（压）实机械已进场并试运转，能够满足施工需要；

3）混合材料的配合比已确定；

4）基槽（坑）已检查验收，并形成了验槽记录。

14

4.2.12 砂石地基材料应符合下列规定：

1 砂石宜选用碎石、卵石、角砾、圆砾、砾砂、粗砂、中砂或石屑（粒径小于 2 mm 的部分不应超过总重的 45%）；

2 砂石采用天然级配时级配应良好，最大粒径不得大于 50 mm，且不含植物残体、垃圾等杂质；

3 当使用粉细砂或石粉（粒径小于 0.075 mm 的部分不超过总重的 9%）时，应掺入不少于总重 30%的碎石或卵石。

4.2.13 砂石地基施工工艺流程应按图 4.2.13 执行，并应符合下列规定：

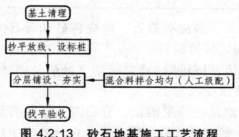

图 4.2.13　砂石地基施工工艺流程

1 砂石地基铺设前，应将基底表面浮土、淤泥及淤泥质土、杂物清除干净，槽侧壁按设计要求留出坡度。当基底表面标高不同时，不同标高的交接处应挖成阶梯形，阶梯的宽高比宜为 2∶1，每阶的高度不宜大于 500 mm，并应按先深后浅的顺序施工。

2 在基槽（坑）内按 5 m×5 m 网格设置标桩（钢筋或木桩），控制每层砂石的铺设厚度。砂石地基每层铺设厚度、砂石最佳含水量控制及施工机具、方法的选用参见表 4.2.13。

15

表 4.2.13 砂石地基每层铺设厚度及施工最佳含水量

捣实方法	每层铺设厚度/mm	施工时最佳含水量/%	施工说明	备注
平振法	200～250	15～20	用平板式振动器往复振捣	
夯实法	150～200	8～12	1. 用木夯、机械夯 2. 木夯重 40 kg，落距 400 mm～500 mm	适用于砂石地基
碾压法	150～300	8～12	60 kN～100 kN 压路机往复碾压	适用于大面积砂石地基，不宜用于地下水位以下的砂地基

　　3 采用人工级配砂砾石，应先将砂和砾石按配合比严格计量，拌合均匀后再铺设。

　　4 砂石地基铺设时，严禁扰动下卧层及侧壁的软弱土层，并防止被践踏或受浸泡。

　　5 砂石地基应分层铺设，分层夯（压）实，分层做密实度试验。每层密实度试验合格（符合设计要求）后再铺筑下一层砂或砂石。

　　6 当地下水位较高或在饱和土层上铺设砂石垫层时，宜采取人工降低地下水位措施，使地下水位降低至基坑底 500 mm 以下。

　　7 当采用平板振动器夯实时，每层接头处应重复振捣密实。

4.2.14 砂石地基施工的质量控制要点：

　　1 砂、石等原材料质量、配合比应符合设计要求，砂、石应搅拌均匀；

　　2 施工过程中应检查分层厚度、分段施工时搭接部分的压实情况、加水量、压实遍数、压实系数；

　　3 施工结束后，应检验砂石地基的承载力。

4.2.15 砂石地基施工后对成品的保护应包括下列措施：

1 施工过程中应采取措施保护基槽（坑）边坡土体的稳定，防止坍塌；

2 铺筑完成的砂石地基应在验收合格后及时进行下道工序的施工。

4.2.16 砂石地基施工的安全、环保及职业健康措施应符合下列要求：

1 执行本规程第4.2.7条的相关规定；

2 采用振动法施工时，应先检查振动器接线绝缘是否良好，平板振动器应采用绝缘拉绳，振动器操作人员，应戴绝缘手套、穿绝缘鞋；

3 场内存放的砂石料应采取洒水、覆盖等措施，防止扬尘；

4 砂石料运输应加以覆盖，防止遗洒。

4.2.17 砂石地基施工的质量检验标准应符合表4.2.17的规定。

表 4.2.17　砂石地基质量检验标准

项	序	检查项目	允许偏差或允许值		检查方法
			单位	数值	
主控项目	1	地基承载力	设计要求		按规定的方法
	2	配合比	设计要求		检查拌和时的体积比或重量比
	3	压实系数	设计要求		现场实测
一般项目	1	砂石料有机质含量	%	≤5	焙烧法
	2	砂石料含泥量	%	≤5	水洗法
	3	石料粒径	mm	≤100	筛分法
	4	含水量（与最佳含水量比较）	%	±2	烘干法
	5	分层厚度（与设计要求比较）	mm	±50	水准仪

4.2.18 砂石地基施工的质量记录应包括下列内容：

1 砂、石料的试验报告；

2 每层夯（压）密实后的干密度试验报告和取样点位图；

3 检验批验收记录；

4 隐蔽验收记录（含地基验槽记录）。

Ⅲ 土工合成材料地基

4.2.19 土工合成材料适用于加固软弱地基。

4.2.20 土工合成材料地基施工前应做下列准备：

1 技术准备应包括下列内容：

1）熟悉设计文件，理解设计意图，理解土工合成材料在地基加固中的作用；

2）熟悉地质勘察报告，掌握原基土层的工程特性、土质及地下水情况；

3）对拟使用的回填土、石进行检验，确保符合设计要求；

4）编制施工方案和进行技术交底。

2 材料准备应符合下列要求：

1）根据设计要求及施工现场情况，制订土工合成材料的采购计划，并按计划组织材料进场；

2）选择回填土、砂石的来源地，并按计划组织进场；

3）根据施工方案将土工合成材料提前裁剪，拼接成适合的幅片；

4）准备好土工合成材料的存放地点，避免土工合成材料进场后受阳光直接照晒。

3 施工前应准备的主要机具包括土工合成材料拼接机

具、回填土及石料运输机具、回填层夯实及碾压机具、水准仪、钢尺等。

  4 土工合成材料地基施工前应满足下列作业条件：

  1）土工合成材料验收合格；

  2）回填土、石料试验合格；

  3）土工合成材料铺设前的基层处理符合设计要求，并通过验收。

4.2.21 土工合成材料地基的材料应符合下列规定：

  1 土工合成材料应符合下列要求：

  1）土工合成材料应具有出厂合格证；

  2）土工合成材料应进场检验，土工合成材料进场时，应检查产品标签、生产厂家、产品批号、生产日期、有效期限等，并取样送检，其性能指标应满足设计要求。土工合成材料的抽样检验可根据设计要求和使用功能，按表4.2.21进行试验项目选择。

表 4.2.21 **土工合成材料试验项目选择表**

试验项目	使用目的		试验项目	使用目的	
	加 筋	排水		加 筋	排水
单位面积质量	√	√	顶破	√	√
厚度	○	√	刺破	√	○
孔径	√	○	淤堵	○	√
渗透系数	○	√	直接剪切摩擦	√	○
拉伸	√	√			

  注：1 √为必做项，○为选做或不做项；

    2 土工合成材料主要性能的试验方法标准可参照现行行业标准《土工合成材料测试规程》SL 235执行。

2 土及砂石料应符合下列规定：

1）黏性土有机质含量不应大于 5%，含水量控制在最佳含水量的 ±2%为宜；

2）砂石料有机质含量不应大于 5%。

4.2.22 土工合成材料地基施工工艺应按图 4.2.22 执行，并应符合下列规定：

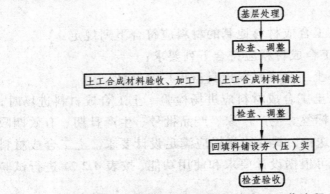

图 4.2.22 土工合成材料地基施工工艺流程

1 土工合成材料地基的基层应符合下列规定：

1）铺放土工合成材料的基层应平整，局部高差不大于 50 mm，铺设土工合成材料前应清除树根、草根及硬物，避免损伤破坏土工合成材料，表面凹凸不平的可铺一层砂找平；

2）对于不宜直接铺放土工合成材料的基层应先设置砂垫层，砂垫层厚度不宜小于 300 mm，宜采用中粗砂，含泥量不大于 5%。

2 土工合成材料铺放应符合下列规定：

1）检查材料有无损伤破坏。

2）土工合成材料须按其主要受力方向铺放。

3）铺放时松紧应适度，防止绷拉过紧或有皱折，且应紧贴下基层并及时加以压固。

4）土工合成材料铺放时，两端须有富余量；富余量每端不少于1 000 mm，且应按设计要求加以固定。

5）相邻土工合成材料的连接，对土工格栅可采用密贴排放或重叠搭接，用聚合材料绳、棒或特种连接件连接。对土工织物及土工膜可采用搭接或缝接。

6）当加筋垫层采用多层土工材料时，上下层土工材料的接缝应交替错开，错开距离不小于500 mm。

7）土工织物、土工膜的连接可采用搭接法、缝合法、胶结法，连接处强度不得低于设计要求的强度。搭接法的搭接长度宜为300 mm～1 000 mm，可视建筑荷载、铺设地形、基层特性、铺放条件而定，一般情况下采用300 mm～500 mm，当荷载大、地形倾斜、基层极软时，不小于500 mm，水下铺放时不小于1 000 mm，当土工织物、土工膜上铺有砂垫层时不宜采用搭接法；缝合法采用尼龙或涤纶线将土工织物或土工膜双道缝合，两道缝线间距1.0 mm～2.5 mm，缝合形式应符合设计要求；胶结法采用热黏结或胶黏结，黏结时搭接宽度不宜小于100 mm。

8）在土工合成材料铺放时，不得有大面积的损伤破坏，对小的裂缝或孔洞，应在其上缝补新材，新材面积不小于破坏面积的4倍，边长不小于1 000 mm。

3 回填施工应符合下列规定：

1）土工合成材料垫层地基，无论是使用单层还是多层土工合成加筋材料，作为加筋垫层结构的回填料，材料种类、层间高度、碾压密实度等都应由设计确定。

2）回填料为中、粗、砾砂或细粒碎石类时，在距土工合成材料（主要指土工织物或土工膜）80 mm 范围内，最大粒径应小于 60 mm；当采用黏性土时，填料应能满足设计要求的压实度并不含有对土工合成材料有腐蚀作用的成分。

3）当使用块石做土工合成材料保护层时，块石抛放高度应小于 300 mm，且土工合成材料上下应铺放厚度不小于 50 mm 的砂层。

4）对于黏性土，含水量应控制在最佳含水量的 ±2% 之内。

5）回填土应分层进行，每层填土的厚度应随填土的深度及所选压实机械性能确定，一般为 100 mm～300 mm，但布上第一层填土厚度不应少于 150 mm。

6）填土顺序，一般地基采用从中心向外侧对称进行，平面上呈"凸"形（突口朝前进方向）。

7）回填时应根据土质要求及地基沉降情况，控制回填速度。

8）土工合成材料上第一层填土，填土机械设备只能沿垂直于土工合成材料的铺放方向运行，应用轻型机械（压力小于 55 kPa）摊料或碾压，填土高度大于 600 mm 后方可使用重型机械碾压。

9）为防止土工织物在施工中产生穿刺和撕破等，一般宜在土工织物下面设置砾石或碎石垫层，在其上面设置砂卵石保护层，铺设方法同砂、石垫层。

10）土工合成材料铺设时，一次铺设不宜过长，土工合成材料铺好后应随即铺设上面的砂石材料或土料，避免长时间曝晒和暴露。

4.2.23 土工合成材料地基施工的质量控制要点：

1 施工前应对土工合成材料的物理性能（单位面积的质量、厚度、密度）、强度、延伸率以及土、砂石料等做试验。土工合成材料以 100 m² 为一批，每批应抽查 5%；

2 施工过程中应检查清基，回填料铺设厚度及平整度、土工合成材料的铺设方向、接缝搭接长度或缝接状况、土工合成材料与结构的连接状况等；

3 应避免土工合成材料暴晒或裸露，阳光暴晒时间不应大于 8 h；

4 施工结束后，应按设计要求进行承载力检验。

4.2.24 土工合成材料地基施工后对成品的保护应包括下列措施：

1 铺放土工合成材料时，现场施工人员禁止穿硬底或带钉的鞋；

2 土工合成材料铺放后，宜及时覆盖，避免阳光曝晒；

3 严禁机械直接在土工合成材料表面行走；

4 用黏土回填时，应采取排水措施，雨雪天要加以遮盖。

4.2.25 土工合成材料地基施工的安全、环保及职业健康措施应符合下列要求：

1 土工合成材料存放点和施工现场禁止烟火；

2 土工格栅冬季易变硬，施工人员应防止割、碰等损伤；

3 土工合成废料要及时回收集中处理，以免影响环境。

4.2.26 土工合成材料地基施工的质量检验标准应符合表 4.2.26 的规定。

表 4.2.26　土工合成材料地基质量检验标准

项目	序	检查项目	允许偏差或允许值		检查方法
			单位	数值	
主控项目	1	土工合成材料强度	%	≤5	置于夹具上做拉伸试验（结果与设计标准相比）
	2	土工合成材料延伸率	%	≤3	置于夹具上做拉伸试验（结果与设计标准相比）
	3	地基承载力	设计要求		按规定方法
一般项目	1	土工合成材料搭接长度	mm	≥300	用钢尺量
	2	土石料有机质含量	%	≤5	焙烧法
	3	层面平整度	mm	≤20	用 2 m 靠尺
	4	每层铺设厚度	mm	±25	水准仪

4.2.27　土工合成材料地基施工的质量记录应包括下列内容：

　1　土工合成材料产品出厂合格证；

　2　土工合成材料性能（按设计要求项目）试验报告；

　3　土工合成材料接头抽样试验报告；

　4　土工合成材料地基承载力检验报告；

　5　检验批验收记录；

　6　土工合成材料地基工程隐蔽检查资料。

4.3 固结地基

I 水泥注浆地基

4.3.1 水泥注浆适用于孔隙比较大的砂土、卵石土及人工填土。

4.3.2 水泥注浆地基施工前应做下列准备：

　　1 技术准备包括下列内容：

　　　　1）施工前应掌握有关技术文件，并应通过现场注浆试验，以确定注浆施工技术参数；

　　　　2）浆液材料应符合设计要求，为确保注浆加固地基的效果，施工前应进行室内浆液配比试验，以确定浆液配方；

　　　　3）编制施工方案（包括检测方案）和进行技术交底。

　　2 准备的主要材料应包括水泥、水、氯化钙、细砂、粉煤灰、黏土浆等。

　　3 施工前应准备下列主要机具：

　　　　1）成孔机械，包括钻机或手摇钻、振动打拔管机；

　　　　2）压浆泵，包括泥浆泵、砂浆泵、齿轮泵、手摇泵等；

　　　　3）配套机具，包括注浆花管、搅拌机、灌浆管、阀门、压力表、磅秤、贮液罐、倒链等。

　　4 施工前应满足下列作业条件：

　　　　1）根据现场情况及施工方案放出钻孔孔位；

　　　　2）施工所用材料机具已进场，满足施工需要。

4.3.3 水泥注浆地基所用的材料应符合下列规定：

　　1 采用强度等级 32.5 级或 42.5 级的普通硅酸盐水泥，在特殊条件下亦可使用矿渣水泥、火山灰质水泥或抗硫酸盐水泥；

　　2 采用一般饮用水，但不应采用含硫酸盐大于 0.1%或含氯化钠大于 0.5%以及含过量糖、悬浮物质、碱类的水；

　　3　氯化钙溶液 pH 宜为 5.5～6.0，每升溶液中杂质不得超过 60 g，悬浮颗粒不得超过 1%。

4.3.4　水泥注浆地基施工工艺应按图 4.3.4 执行，并应符合下列规定：

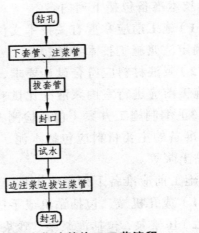

图 4.3.4　水泥注浆地基施工工艺流程

　　1　地基注浆加固前，应通过试验确定灌浆段长度、灌浆孔距、灌浆压力等有关技术参数，并应符合下列规定：

　　1）灌浆段长度一般地质条件下宜为 5 m～6 m，土质严重松散、裂隙发育、渗透性强的情况下，宜为 2 m～4 m；

　　2）灌浆孔距不宜大于 2.0 m，单孔加固的直径范围可按 1 m～2 m 考虑，孔深视土层加固深度而定；

　　3）灌浆压力是指灌浆段所受的全压力，即孔口处压力表上指示的压力，所用压力大小视钻孔深度、土的渗透性以及水泥浆的稠度等而定，宜为 0.3 MPa～0.6 MPa。

2 灌浆用的水泥浆应符合下列要求：

1）水灰比宜为 0.6 ~ 2.0，常用水灰比为 0.8：1 ~ 1：1；

2）要求快凝时，可采用快硬水泥或在水中掺入水泥用量 1% ~ 2% 的氯化钙，要求缓凝时，可掺加水泥用量 0.1% ~ 0.5% 的木质素磺酸钙，亦可掺加其他外加剂；

3）在裂隙或孔隙较大、可灌性好的地层，可在浆液中掺入适量细砂或粉煤灰，对不以提高固结强度为主的松散土层，可在水泥浆中掺加细粉质黏土配成水泥黏土浆，提高浆液的稳定性，防止沉淀和析水，使填充更加密实，灰泥比宜为 1：3 ~ 1：8（体积比）。

3 钻孔时按规定位置用钻机或手摇钻钻孔到要求的深度（孔径宜为 70 mm ~ 100 mm），并探测地质情况，然后在孔内插入直径 38 mm ~ 50 mm 的注浆射管，射管之外设有套管，在射管与套管之间用砂填塞，地基表面空隙用 1：3 水泥砂浆或黏土、麻丝填塞，而后拔出套管。

4 用压浆泵用适当压力的清水进行疏通后，再将水泥浆压入射管而透入土层孔隙中，水泥浆应连续一次压入，不得中断。灌浆先从稀浆开始，逐渐加浓，灌浆次序是一般把射管一次沉入整个深度后，自下而上分段连续进行，分段拔管直至孔口为止。灌浆孔宜分组间隔灌浆，第 1 组孔灌浆结束后，再灌第 2 组、第 3 组。

5 灌浆完成后，拔出灌浆管，留下的孔用 1：2 水泥砂浆或细砂砾石填塞密实，亦可用原浆压浆堵孔。

6 注浆充填率应根据加固土要求达到的强度指标、加固深度、注浆流量、土体的孔隙率和渗透系数等因素确定，饱和软黏土的一次注浆充填率不宜大于 15%~17%。

7 注浆加固土的强度具有较大的离散性，加固土的质量检验可选用标准贯入、轻型动力触探、静力触探等方法，检测点数应满足有关规范的要求。

4.3.5 水泥注浆地基施工的质量控制要点：

1 施工前应掌握有关技术文件（注浆点位置、浆液配比、注浆施工技术参数、检测要求等），浆液组成材料的性能应符合设计要求，注浆设备应确保正常运转；

2 施工中应经常抽查浆液的配比及主要性能指标，注浆的顺序、注浆过程中的压力控制等；

3 施工结束后，应检查注浆体强度、承载力等，检查孔数为总量的 2%~5%，不合格率 20%时应对不合格区进行二次注浆，检验应在注浆后 28 d 进行；

4 对已有建（构）筑物基础或设备基础进行加固后，应进行沉降观测，直到沉降稳定，观测时间不应少于半年。

5 水泥注浆在注浆后 15 d（砂土、黄土）或 60 d（黏性土）内不得在已注浆的地基上行车或施工，防止扰动已加固的地基。

4.3.6 水泥注浆地基施工的安全、环保及职业健康措施应符合下列要求：

1 配制化学溶液应按规定配带防护手套和眼镜，防止腐蚀伤害；

2 施工中应采取防止污染水源的措施。

4.3.7 水泥注浆地基的质量检验标准应符合表 4.3.7 的规定。

表 4.3.7 注浆复合地基质量检验标准

项	序	检查项目			允许偏差或允许值		检查方法
					单位	数值	
主控项目	1	原材料检验	水泥		设计要求		按规定方法
			注浆用砂	粒径	mm	< 2.5	试验室试验
				细度模数	mm	< 2.0	
				含泥量及有机物含量	%	< 3	
			注浆用黏土	塑性指数		> 14	试验室试验
				黏粒含量	%	> 25	
				含砂量	%	< 5	
				有机物含量	%	< 3	
			粉煤灰	细度	不粗于同时使用的水泥		试验室试验
				烧失量	%	< 3	
			水玻璃		模数	2.5~3.3	抽样送检
			其他化学浆液		设计要求		查产品合格证书或抽样送检
	2	注浆体强度			设计要求		取样检验
	3	地基承载力			设计要求		按规定方法
一般项目	1	各种注浆材料称量误差			%	< 3	抽查
	2	注浆孔位			mm	± 20	用钢尺量
	3	注浆孔深			mm	± 100	量测注浆管长度
	4	注浆压力（与设计参数比）			%	± 10	检查压力表读数

4.3.8 水泥注浆地基施工的质量记录应包括下列内容：

   1 原材料出厂合格证和试验报告；

   2 岩土工程勘察报告或原位测试报告；

   3 注浆施工记录；

   4 注浆复合地基浆体强度、地基承载力检验报告；

   5 检验批验收记录。

Ⅱ   预压地基

4.3.9 预压地基适用于处理淤泥质土、淤泥等饱和黏性土的地基。

4.3.10 预压地基施工前应做下列准备：

   1 技术准备包括下列内容：

     1）熟悉施工图纸，理解设计意图，掌握土层各项参数；

     2）根据施工图的要求和现场实际情况，编制施工方案和进行技术交底；

     3）现场测量放线，确定砂井位置。

   2 准备的主要材料应包括中粗砂、装砂袋、塑料排水带、聚氯乙烯塑料薄膜、滤水管等。

   3 施工前应准备下列主要机具：

     1）砂井施工主要机具，包括振动沉管桩机、锤击沉管桩机或静压沉桩机等，另配外径为井直径、下端装有自由脱落的混凝土桩靴或带活瓣式桩靴的桩管，配套机具有吊斗、机动翻斗车或手推车等；

     2）袋装砂井施工主要机具，包括各种打设机械如履带臂架式、步履臂架式、轨道门架式、吊机导架式等，所配钢管的内径宜略大于砂井直径；

3）塑料排水带施工主要机具，包括插带机，将圆形导管改为矩形导管后可与袋装砂井打设机械共用。

4　预压地基施工前应满足下列作业条件：

1）场地已平整，对设备运行的松软场地进行了预压处理，周围已挖好排水沟；

2）现场供水、供电线路已铺设，道路已修筑，临时设施已设置，材料已运进场，质量符合要求，并按平面布置图堆放；

3）砂井控制桩及水准基点已经测设，井孔位置已经放线并定好桩位；

4）机具设备已运到现场，并试运转正常；

5）已进行成孔和灌砂试验，确定有关施工工艺参数（分层填料厚度、夯击次数、夯实后的干密度、成井次序），并对砂井排水进行了测试，其加载次数、固结速度、时间、承载力等符合设计要求。

4.3.11　预压地基所用的材料应符合下列规定：

1　采用中砂或粗砂，垫层可用中细砂或砾砂，含泥量不大于3%，一般不宜使用细砂。

2　堆载材料一般以散料为主，如采用施工场地附近的土、砂、石子、砖、石块等。

3　装砂袋应具有良好的透水、透气性，一定的耐腐蚀、抗老化性能，装砂不易漏失，并有足够的抗拉强度，一般多采用聚丙烯编织布或玻璃丝纤维布、黄麻片、再生布等。

4　塑料排水带要求滤网膜渗透性好，与黏土接触后，其渗透系数不低于中粗砂，排水沟槽排水畅通，不因受土压力作用而减小。滤膜材料一般用耐腐蚀的涤纶衬布，涤纶布不低于60号，含胶量不小于35%，排水带的厚度和性能参照附录B。

5 聚氯乙烯塑料薄膜，厚度 0.08 mm ~ 1.0 mm。

6 滤水管采用钢管或 UPVC 塑料管材时，应能承受足够的压力而不变形。

4.3.12 砂井堆载预压地基施工工艺应按图 4.3.12 执行，并应符合下列规定：

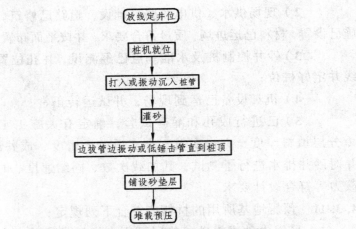

放线定井位

桩机就位

打入或振动沉入桩管

灌砂

边拔管边振动或低锤击管直到桩顶

铺设砂垫层

堆载预压

图 4.3.12 砂井堆载预压地基工艺流程

1 砂井的施工顺序，应从外围或两侧向中间进行，如砂井的间距较大，亦可逐排进行，打砂井后地基表层会产生松动隆起，应进行压实。

2 砂井成孔，先用打桩机将井管沉入地基中预定的深度，即吊起桩锤，在井管内灌入砂料，然后边振边将桩管徐徐拔出或边锤击边拔管。每拔升 300 mm ~ 500 mm，再复打拔管，以捣实挤密形成砂柱，如此往复，直至井管拔出。拔管速度控制在 1 m/min ~ 1.5 m/min，使砂子借助重力留在井孔中形成密实的砂井，亦可二次打入井管灌砂，形成扩大砂井。

3 当井管内进水时,可先在井管内装入 2~3 斗砂将活瓣压住,堵塞缝隙。

4 当采用锤击沉桩管时,管内砂子亦可用吊锤击实,或用空气压缩机向管内通气(气压为 0.4 MPa~0.5 MPa)压实。

5 灌砂时,砂中的含水量应加以控制,对饱和水的土层,砂可采用饱和状态;对非饱和土层和杂填土,或能形成直立孔的土层,含水量可采用 7%~9%。

6 砂井灌砂应自上而下保持连续,要求不出现缩颈,且不扰动砂井周围土的结构,对灌砂量未达到设计要求的砂井,应在原位将桩管打入,灌砂复打一次。

7 砂垫层铺设应与排水竖井相连通,砂垫层的厚度应按设计要求,宜不小于 500 mm;砂垫层宜用中粗砂,黏粒含量不应大于 3%,砂料中可混有少量粒径不大于 50 mm 的砾石;砂垫层的干密度应大于 1.5 g/cm³,其渗透系数宜大于 1×10^{-2} cm/s。

8 在预压区边缘应设置排水沟,在预压区内宜设置与砂垫层相连的排水盲沟,排水盲沟的间距不宜大于 20 m。

9 地基预压前应设置垂直沉降观测点、水平位移观测桩、测斜仪以及孔隙水压力计,其设置数量、位置及测试方法,应符合设计要求。

10 堆载方法,大面积施工时可采用自卸汽车与推土机联合作业,对超软土地基的堆载预压,第一级荷载宜用轻型机械或人工作业。预压荷载宜取不小于设计荷载,为加速压缩过程和减少上部建(构)筑物的沉降,可采用比建(构)筑物重量大 10%~20%的超载进行预压。

11 堆载加荷应符合下列规定：

1）堆载预压过程中，作用于地基上的荷载不得超过地基的极限荷载；

2）应根据土质情况采取加荷方式，施加大荷载时，加载应分期分级进行，并加强观测；

3）应逐日观测地基垂直沉降、水平位移和孔隙水压力等，并记录；

4）应注意控制每级加载重量的大小和加载速率，使之与地基的强度增长相适应，待地基在前一级荷载作用下达到一定固结度后，再施加下一级荷载；

5）在加载后期，须严格控制加载速率。

12 堆载控制指标应符合下列规定：

1）地基最大下沉量不宜超过 10 mm/d，水平位移不宜大于 4 mm/d；

2）孔隙水压力不超过预压荷载所产生应力的 50%～60%；

3）加载在 60 kPa 以前，加荷速度可不限制。

13 预压时间应根据建筑物的要求以及固结情况确定，卸荷应符合下列条件：

1）地面总沉降量达到预压荷载下计算最终沉降量的80%以上；

2）理论计算的地基总固结度达到 80%以上；

3）地基沉降速度已降到 0.5 mm/d～1.0 mm/d。

4.3.13 袋装砂井堆载预压地基施工工艺应按图 4.3.13 执行，并应符合下列规定：

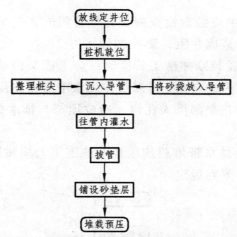

图 4.3.13 袋装砂井堆载预压地基施工工艺流程

1 袋装砂井的打设顺序同砂井。

2 用袋装砂井打设机或各种导管式打设机将管沉入地基中预定深度，然后向井管内放入预先装好砂料的圆柱形砂袋，往管内灌水（减少砂袋与管壁的摩擦力），最后拔起井管，将砂袋充填在孔中形成砂井；亦可先将井管沉入土中放入袋子（下部装少量砂或吊重），然后依靠振动锤的振动灌满砂，最后拔出套管，在地基中形成砂井。

3 袋装砂井定位要准确，平面井距偏差不应大于井径，砂井的垂直度允许偏差应为 ±1.5%，深度应满足设计要求，袋装砂井砂袋埋入砂垫层的长度不应小于 500 mm。

4 袋中装砂宜用风干砂，不宜采用湿砂，以免干燥后体积减小，造成袋装砂井缩短与排水垫层不搭接等质量事故。灌入砂袋的砂，应捣固密实，袋口应扎紧，砂袋放入导管口应装设滚轮，下放砂袋要仔细，防止砂袋破损漏砂。

5 施工中应经常检查桩尖与导管门的密封情况，避免管内进泥过多，造成井阻，影响加固深度。

6 确定袋装砂井施工长度时，应考虑袋内砂体积减小，袋装砂井在井内的弯曲、超深及伸入水平排水垫层内的长度等因素，防止砂井全部沉入孔内，造成顶部与排水垫层不连接，影响排水效果。

4.3.14 塑料排水带堆载预压地基施工工艺应按图 4.3.14 执行，并应符合下列规定：

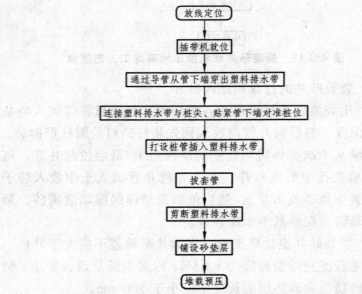

图 4.3.14 塑料排水带堆载预压地基施工工艺流程

1 打设塑料排水带时可采用圆形或矩形导管，宜采用桩尖与导管分离设置，可采用圆形、倒梯形和倒梯楔形桩尖。

2 插带机就位后，通过振动锤驱动套管对准插孔位下沉，排水带从套管内穿过与端头的锚靴相连，套管顶住锚靴将排水带插到设计的入土深度，拔起套管后，锚靴连同排水带一起留在土中，然后剪断连续的排水带，完成一个排水孔插带操作，插带机即可移位至下一个排水孔继续施打。

3 塑料带滤水膜在转盘和打设过程中应避免损坏，防止淤泥进入带芯堵塞输水孔，影响塑料带的排水效果。

4 塑料带与桩尖锚碇要牢固，防止拔管时脱离；打设时严格控制间距和深度，如塑料带拔起超过 2 m 以上，应进行补打。

5 桩尖平端与导管下端要连接紧密，防止错缝，以免在打设过程中淤泥进入导管，增加对塑料带的阻力，或将塑料带拔出。

6 塑料排水带需接长时，为减小与导管的阻力，应采用在滤水膜内平搭接的连接方法，搭接长度应在 200 mm 以上，保证输水畅通和有足够的搭接强度。塑料排水带埋入砂垫层的长度不应小于 500 mm。

4.3.15 砂井堆载预压地基和袋装砂井堆载预压地基施工的质量控制要点：

1 施工前应检查施工监测措施及沉降、孔隙水压力等原始数据。

2 砂井数量、排列尺寸、形式、孔径、深度，应符合设计要求或施工规范的规定。

3 砂井的灌砂密实度应符合设计要求，灌砂量不得少于计算量的 95%。

4 施工期间现场应进行下列测试：

1）边桩水平位移观测：主要用于判断地基的稳定性，决定安全的加荷速率，要求边桩位移速率应控制在 3 mm/d ~ 5 mm/d。

2）地面沉降观测：主要控制地面沉降速度，要求最大沉降速率不宜超过 10 mm/d。

3）孔隙水压力观测：用计算土体固结度、强度及强度增长分析地基的稳定，从而控制堆载速率，防止堆载过多、过快而导致地基破坏。

4）采用标准贯入检验砂井井体的强度，采用轻便触探检验井间土层的固结效果。

5）施工结束后，应检查地基土的十字板剪切强度、标贯或静压力触探值及要求达到的其他物理力学性能，重要建筑物地基应作承载力检验。

4.3.16 塑料排水带堆载预压地基施工质量控制要点：

1 施工前应检查施工监测措施、沉降、孔隙水压力等原始数据、排水措施、塑料排水带等位置；

2 堆载施工应检查堆载高度、沉降速度；

3 施工结束后，应检查地基土的十字板剪切强度、标贯或静力触探值及要求达到的其他物理力学性能，重要建筑物应作承载力检验。

4.3.17 预压地基施工完成后对成品的保护应注意保护竖向排水体不受破坏，以免影响排水效果。

4.3.18 预压地基施工的安全、环保及职业健康措施应符合下列要求：

1 地基加固采用堆载预压时，分级堆载期间，应严格按设计要求堆载，每级堆载高度不得大于设计规定的高度；堆载预压期间如发现沉降和侧移速率过大，应立即通知人员和设备撤离危险区域。

2 施工期间应设专人负责监测预压地基和坡体面表层的裂缝出现变化和情况，建立完善的信息联络。

3 电气应严格接地、接零和装设漏电保护装置，防止触电事故。

4 废弃的散料和装砂袋应及时处理，防止污染环境。

4.3.19 预压地基施工的质量检验标准应符合表 4.3.19 的规定。

表 4.3.19 预压地基和塑料排水带质量检验标准

项	序	检查项目	允许偏差或允许值		检查方法
			单位	数值	
主控项目	1	顶压荷载	%	≤2	水准仪
	2	固结度（与设计要求比）	%	≤2	根据设计要求采用不同的方法
	3	承载力或其他性能指标	设计要求		按规定方法
一般项目	1	沉降速率（与控制值比）	%	±10	水准仪
	2	砂井或塑料排水带位置	mm	±100	用钢尺量
	3	砂井或塑料排水带插入深度	mm	±200	插入时用经纬仪检查
	4	插入塑料排水带时回带长度	mm	±500	用钢尺量
	5	塑料排水带或砂井高出砂垫层距离	mm	≥200	用钢尺量
	6	插入塑料排水带的回带根数	%	<5	目测

注：如真空预压，主控项目中预压荷载的检查为真空度降低值<2%。

4.3.20 预压地基施工的质量记录应包括下列内容：

1 岩土工程勘察报告或原位测试报告；

2 原材料出厂合格证和试验报告；

3 排水系统的施工记录（包括砂井、袋装砂井、塑料排水带等施工记录）；

4 施工监测记录（包括沉降、孔隙水压力、堆载高度、沉降速率等记录）；

5 地基土的十字板剪切强度，标贯或静力触探值及设计要求达到的其他物理力学性能检验报告，或地基承载力检验报告；

6 检验批验收记录。

4.4 夯实地基

4.4.1 夯实地基可分为强夯和强夯置换处理地基。强夯处理地基适用于处理碎石土、砂土、低饱和度的粉土与黏性土、素填土和杂填土等地基。高饱和度的粉土、软塑～流塑的黏性土等地基上可用块石、碎石或其他粗颗粒材料进行强夯置换，强夯置换在设计前必须通过现场试验确定其适用性和处理效果。当强夯所产生的振动对周围已有或正在施工的建（构）筑物有影响时不宜采用，否则应采取隔振、防振措施并设置监测点。

4.4.2 强夯地基施工前应做下列准备：

1 技术准备包括下列内容：

1）熟悉施工图纸，理解设计意图，了解各项参数，现场实地考察，定位放线；

2）选择试验区作强夯试验，应根据面积、地质条件等确定试验点的数量，以确定或验证设计强夯参数；

3）编制施工方案和进行技术交底。

2 强夯地基材料准备应根据现场情况准备一定量的中（粗）砂或砂砾石、碎石和土料，也可以使用矿渣、工业废渣、块石、建筑垃圾等坚硬粗粒材料。

3 强夯地基的主要机具应包括：夯锤、起重设备、脱钩装置、经纬仪、水准仪等。自制的脱钩装置由吊环、耳板、销环、吊钩等组成，用钢板焊接制成，要求有足够的强度、使用灵活、脱钩快速、安全可靠。

4 强夯地基施工前应满足下列作业条件：

1）施工技术参数已确定；

2）现场道路已修筑完毕，机械设备已进场并经试夯后满足施工要求；

3）施工场地已平整，并做好排水沟；

4）距建（构）筑物、地下管线较近时，做好隔振或其他措施；

5）夯击点位已标出。

4.4.3 强夯法施工工艺应按图 4.4.3 执行，并应符合下列规定：

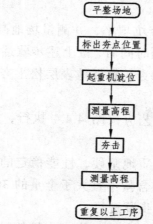

图 4.4.3 强夯法施工工艺流程

1 强夯夯锤锤重宜为 100 kN～600 kN，落距宜为 10 m～

20 m，其底面宜为圆形，夯锤底面应对称设若干个直径 300 mm ~ 400 mm 上下贯通的排气孔。

    2 强夯法施工应按下列步骤进行：

      1）清理并平整施工场地；

      2）标出第一遍夯点位置，并测量场地高程；

      3）起重机就位，夯锤置于夯点位置；

      4）测量夯前锤顶高程；

      5）将夯锤起吊到预定高度，开启脱钩装置，待夯锤脱钩自由下落后，放下吊钩，测量锤顶高程，若发现因坑底倾斜而造成夯锤歪斜时，应及时将坑底整平；

      6）重复步骤 5），按设计规定的夯击次数及控制标准，完成一个夯点的夯击；

      7）换夯点，重复步骤 3）至 6），完成第一遍全部夯点的夯击；

      8）用推土机将夯坑填平，并测量场地高程；

      9）在规定的间隔时间后，按上述步骤逐次完成全部夯击遍数，最后用低能量满夯，将场地表层松土夯实，并测量夯后场地高程。

4.4.4 强夯置换施工工艺应按图 4.4.4 执行，并应符合下列规定：

    1 强夯置换宜采用质地坚硬、性能稳定的粗颗粒材料，粒径大于 300 mm 的颗粒含量不宜大于全重的 30%。

    2 施工中应按下列步骤进行：

      1）清理并平整施工场地，当表土松软时可铺设一层厚度为 1.0 m ~ 2.0 m 的砂石施工垫层；

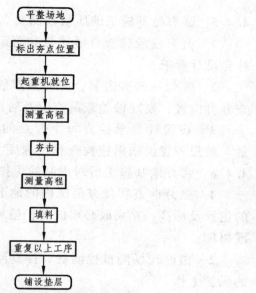

图 4.4.4　强夯置换施工工艺流程

2）标出夯点位置，并测量场地高程；

3）起重机就位，夯锤置于夯点位置；

4）测量夯前锤顶高程；

5）夯击并逐击记录夯坑深度，当夯坑过深而发生起锤困难时停夯，向坑内填料直至与坑顶平，记录填料数量，如此重复直至满足规定的夯击次数及控制标准完成一个墩体的夯击，当夯点周围软土挤出影响施工时，可随时清理并在夯点周围铺垫碎石，继续施工；

6）按由内而外、隔行跳打原则完成全部夯点的施工；

7）推平场地，用低能量满夯，将场地表层松土夯实，并测量夯后场地高程；

8）铺设垫层，并分层碾压密实。

4.4.5 强夯地基施工的质量控制要点：

1 开夯前应检查夯锤质量和落距，以确保单击夯击能量符合设计要求；

2 在每一遍夯击前，应对夯点放线进行复核，夯完后检查夯坑位置，发现偏差或漏夯应及时纠正；

3 按设计要求检查每个夯点的夯击次数和每击的夯沉量。对强夯置换法尚应检查置换深度。

4.4.6 强夯地基施工后对成品的保护应包括下列措施：

1 强夯前查明强夯范围内的地下构筑物和各种地下管线的位置及标高，并采取必要的防护措施，以免因强夯施工而造成损坏；

2 做好现场测量控制桩、控制网以及现场夯击位置布点的保护工作；

3 做好现场排水设施的保护工作；

4 夯后，基坑应及时修整，浇筑混凝土垫层封闭，防止雨水浸泡强夯后的地基。

4.4.7 强夯地基施工的安全、环保及职业健康措施应包括下列内容：

1 机械设备操作人员要有操作证，严禁无证上岗；

2 吊机起重臂活动范围内严禁站人，非工作人员严禁进入强夯区域；

3 夯机驾驶室前应安装安全防护网，测量仪器应架设在距夯机 30 m 外，夯锤下落位置与施工人员的距离在 20 m 外；

4 汽车吊行走时，应铺放钢板；

5 施工时，应随时观察机械的工作状态，发现问题及时予以解决；

6 施工应按顺序有系统地进行，保持现场文明施工、安全施工；

7 施工垃圾、生活垃圾应及时清理，以免污染环境；

8 施工期间应严格控制噪声，并符合现行国家标准《建筑施工场界环境噪声排放标准》GB 12523 的规定；

9 必要时设置隔振沟，减少对周边的影响。

4.4.8 强夯地基施工的质量检验标准应符合表 4.4.8 的规定。

表 4.4.8　强夯地基质量检验标准

项目	序	检查项目	允许偏差或允许值		检查方法
			单位	数值	
主控项目	1	地基强度	按设计要求		按规定方法
	2	地基承载力	按设计要求		按规定方法
一般项目	1	夯锤落距	mm	±300	用钢尺量、钢索设标志
	2	锤重	kg	±100	称重
	3	夯击遍数及顺序	设计要求		计数法
	4	夯锤定位	mm	±150	用钢尺量
	5	夯点定位	mm	±500	用钢尺量
	6	满夯后场地平整度	mm	100	水准仪
	7	夯击范围（超出基础范围距离）	设计要求		用钢尺量
	8	间歇时间	设计要求		-
	9	夯击击数	设计要求		计数法
	10	最后两击平均夯沉量	设计要求		水准仪

4.4.9 强夯地基施工的质量记录应包括下列内容：

1 岩土工程勘察报告或原位测试报告；

2 强夯施工记录（包括落距、夯击遍数、夯点位置、夯点标高等）；

3 强夯地基承载力检验报告；

4 检验批验收记录。

4.5 复合地基

Ⅰ 振冲砂石桩和沉管砂石桩复合地基

4.5.1 振冲砂石桩和沉管砂石桩复合地基施工应符合下列规定：

1 振冲砂石桩适用于处理砂土、粉土、粉质黏土、松散与稍密卵石土、素填土和杂填土等地基，对于处理不排水抗剪强度不小于 20 kPa 的饱和黏性土和饱和黄土地基，应在施工前通过现场试验确定其适用性；不加填料振冲密实法适用于处理黏粒含量不大于 10% 的中砂、粗砂、松散的卵石或砾石地基。

2 沉管砂石桩适用于处理挤密松散砂土、粉土、黏性土、素填土、杂填土等地基，也可用于处理液化地基；饱和黏性土地基上对变形控制不严的工程可采用砂石桩置换处理。

4.5.2 振冲砂石桩和沉管砂石桩复合地基施工前应做下列准备：

1 技术准备包括下列内容：

1）熟悉设计文件和岩土工程勘察报告，理解设计意图，掌握土层的组成、土的含泥量和土层变化情况等。

2）振冲砂石桩应根据设计要求或地质情况选择振冲器，对重要工程或地质条件复杂的场地应进行现场振冲试验，以确定成孔合适的水压、水量、成孔速度及填料方法，达到土体密实时的密实电流、填料量和留振时间。

3）沉管砂石桩施工前应在现场进行成桩工艺和成桩挤密效果试验，试桩数不少于 3 根。当成桩质量不能满足设计要求时，应调整参数重新试验或设计。

4）编制施工方案和进行技术交底。

2 按设计要求及材料供应情况选用碎石、卵石、角砾、圆砾、矿渣或砾砂、粗砂、中砂等填料，并按材料需用计划组织材料进场。

3 振冲砂石桩地基施工前应准备下列主要机具：

1）振冲器，常用的振冲器型号及技术性能见附录 C；

2）振冲器起吊设备，可采用履带式起重机、轮胎式起重机、汽车吊或轨道式自行塔架等；

3）控制设备包括控制电流操作台、电流表、电压表等；

4）其他机具设备应包括供水管、加料用吊斗或翻斗车、手推车等；

4 沉管砂石桩地基施工前应准备下列主要机具：

1）机械设备，包括振动（或锤击）沉管打桩机（或汽锤、落锤、柴油打桩机）、履带（或轮胎）式起重机、机动翻斗车等；

2）其他机具，包括桩管（带预制桩尖）、装砂的料斗、铁锹、手推车等；

5 施工前应满足下列作业条件：

1）施工场地已进行平整，障碍物已清除，对影响机械运行的软弱场地已进行处理，周围已做好有效的排水措施；

2）施工技术参数已经确定；

3）材料已按计划进场，并经验收符合要求；

4）所用机械设备和工具已进场，并经调试运转正常。

4.5.3 振冲砂石桩和沉管砂石桩复合地基施工所用材料应符合下列规定：

1 振冲砂石桩所用粗骨料含泥量不大于 5%，不宜使用风化易碎的石料。对 30 kW 振冲器填料粒径宜为 20 mm ~ 80 mm；对 55 kW 振冲器填料粒径宜为 30 mm ~ 100 mm；对 75 kW 振冲器填料粒径宜为 40 mm ~ 150 mm。

2 沉管砂石桩地基施工所用粗骨料含泥量不大于 5%，最大粒径不宜大于 50 mm，采用取土成孔分层夯实工艺时粒料粒径可考虑加大。

4.5.4 振冲砂石桩地基施工工艺应按图 4.5.4 执行，施工中应按下列步骤：

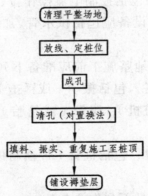

图 4.5.4 振冲砂石桩地基施工工艺流程

1 清理平整施工场地，对置换法宜超挖 200 mm ~ 300 mm，对密实法应根据土层松散情况适当预留 100 mm ~ 200 mm。

2 根据施工图纸布置桩位，对置换法宜人工取定位孔，定位孔直径宜与设计桩径一致，深度不小于 500 mm。

3 组织泥浆排放系统,设置沉淀池(对密实法可不设沉淀池)。

4 施工机具就位,使振冲器对准桩位。

5 启动供水泵开始造孔,水压宜为 200 kPa ~ 600 kPa,水量宜为 200 L/min ~ 400 L/min,将振冲器徐徐沉入土中,造孔速度宜为 0.5 m/min ~ 2.0 m/min,直至达到设计深度,记录振冲器经过各深度的水压、电流和时间。

6 造孔后边提升振冲器边冲水直至孔口,再放至孔底,重复两三次扩大孔径并使孔内泥浆变稀,开始填料制桩。大功率振冲器投料可不提出孔口,小功率振冲器下料困难时,可将振冲器提出孔口填料,每次填料厚度不宜大于 500 mm。将振冲器沉入填料中进行振密制桩,当电流达到规定的密实电流值和规定的留振时间后,将振冲器提升 300 mm ~ 500 mm。

7 重复以上步骤,自下而上逐段制作桩体直至孔口,记录各段深度的填料量、最终电流值和留振时间,均应符合设计规定。

8 桩体施工完毕后宜及时铺设褥垫层。

9 关闭振冲器和水泵。

10 场地内振冲桩施工完毕后,应对褥垫层进行压实找平处理。

4.5.6 振冲砂石桩复合地基施工的质量控制要点:

1 施工前,应检查振冲器的性能及电流表,电压表的准确度及填料的性能;

2 施工中,应检查供水压力、供水量、振冲点位置,严格控制密实电流、填料量、留振时间;

3 施工结束后,应在有代表性的地段做地基强度(动力触探）或地基承载力（单桩复合地基静载）检验。检验的时间除砂土地基外，应间隔一定时间方可进行，对黏性土地基，间隔时间为 3~4 周，对粉土地基，为 2~3 周。

4.5.7 沉管砂石桩地基施工工艺应按图 4.5.7 执行，并应符合下列规定：

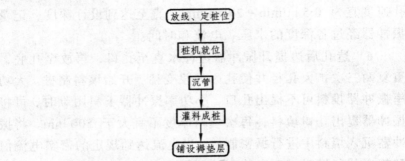

图 4.5.7 沉管砂石桩地基施工工艺流程

1 饱和黏性土地基上对变形控制不严的工程及以处理砂土液化为目的的工程，可采用沉管施工工艺。

2 砂石桩的施工顺序，对砂土地基宜从外围或两侧向中间进行，对黏性土地基宜从中间向外围或隔排施工，以挤密为主的砂石桩同一排应间隔进行。在已有建（构）筑物邻近施工时，应背离建（构）筑物方向进行。

3 砂石桩沉管可采用振动沉管法或锤击沉管，桩尖采用混凝土预制桩尖，将钢管沉至设计深度后，从进料口往桩管内灌入砂石，边振动边缓慢拔出桩管（锤击沉管时边拔管边敲打管壁）；或每拔 0.5 m 高后停拔，振动 20 s~30 s；或将桩管压下后再拔，将桩孔内的砂石压实成桩，并可使桩径扩大。

4 振动法应根据沉管和挤密情况，确定填砂量、提升速度、每次提升高度、挤压次数和时间、电机工作电流等，作为控制质量标准，以保证挤密均匀和桩身的连续性。

5 灌料时，砂石含水量应加以控制，对饱和土层，砂可采用饱和状态；对非饱和土或杂填土，或能形成直立的桩孔壁的土层，含水量可采用 7%～9%。

6 对灌料不足的砂石桩可采用全复打灌料。当采用局部复打灌料时，其复打深度应超过软塑土层底面 1 m 以上，复打时，管壁上的泥土应清除干净，前后两次沉管的轴线应一致。

7 施工时桩位偏差不应大于套管外径的 30%，套管垂直度允许偏差应为 ±1%。

8 施工后，应将表层的松散层挖除或夯压密实，随后铺设砂石垫层。

4.5.8 当采取取土成孔夯实施工工艺时应按图 4.5.8 执行，并应符合下列规定：

图 4.5.8 取土成孔夯实施工工艺流程

1 该方法仅适用于微膨胀性土、黏性土、无地下水的粉土及层厚不超过 1.5 m 的砂土地基；

    2 成孔机就位，桩位偏差不大于 50 mm，垂直度允许偏差应为 ±1%；

    3 卷扬机提起取土器至一定高度，松开离合开关使取土器自由下落，然后提起取土器取出泥土，重复取土过程，施工至设计标高；

    4 用不低于 10 kN 的柱锤夯底，然后灌入砂石料，每灌入 0.5 m 厚用锤夯实；

    5 施工后，应将表层的松散层挖除或夯压密实，随后铺设砂石垫层。

4.5.9 沉管砂石桩复合地基施工的质量控制要点：

    1 施工前应检查砂石料的含泥量及有机质含量等；

    2 施工中应检查每根砂石桩的桩位、灌砂量、标高、垂直度等；

    3 沉管施工导致地面松动或隆起时，砂石桩施工标高应比基础底面高 0.5 m～1 m；

    4 施工结束后，应检验加固地基的强度及承载力。

4.5.10 振冲砂石桩和沉管砂石桩复合地基施工完成后对成品的保护应包括下列措施：

    1 施工中应保护测量标志桩和桩位标志不被扰动；

    2 施工结束后，应做好地基表面排水，防止雨水浸泡加固后的地基，地基检验合格后，应尽快进行下道工序的施工。

4.5.11 振冲砂石桩和沉管砂石桩复合地基施工的安全、环保及职业健康措施应符合下列要求：

    1 起重机操作和指挥人员应经培训后持证上岗；

2 应经常检查振冲器电缆的完好及绝缘情况，防止漏电、触电；

3 施工现场应做好排水沟，将孔口回水有组织地排入指定地点，防止泥水污染环境；

4 沉管施工时要控制振动及噪声对周围的影响，不得噪声扰民。

4.5.12 振冲砂石桩和沉管砂石桩复合地基施工的质量检验标准应符合表 4.5.12-1 和表 4.5.12-2 的规定。

表 4.5.12-1　振冲砂石桩地基质量检验标准

项目	序	检查项目	允许偏差或允许值		检查方法
			单位	数值	
主控项目	1	填料粒径	设计要求		抽样检查
	2	密实电流（黏性土）	A	50～55	电流表读数
		密实电流（砂性土或粉土）（以上为功率 30kW 振冲器）	A	40～50	
		密实电流（其他类型振冲器）	A_0	1.5～2.0	电流表读数（A_0：空振电流）
	3	地基承载力	设计要求		按规定方法
一般项目	1	填料含泥量	%	＜5	抽样检查
	2	振冲器喷水中心与孔径中心偏差	mm	≤50	用钢尺量
	3	成孔中心与设计孔位中心偏差	mm	≤100	用钢尺量
	4	桩体直径	mm	＜50	用钢尺量
	5	孔深	mm	±200	量钻杆或重锤测

表 4.5.12-2　沉管砂石桩地基质量检验标准

项	序	检查项目	允许偏差或允许值		检查方法
			单位	数值	
主挖项目	1	灌砂量	%	≥95	实际用砂量与计算体积比
	2	地基强度	设计要求		按规定方法
	3	地基承载力	设计要求		按规定方法
一般项目	1	砂料的含泥量	%	≤3	试验室测定
	2	砂料的有机质含量	%	≤5	焙烧法
	3	桩位	mm	≤50	用钢尺量
	4	砂石桩标高	mm	±150	水准仪
	5	垂直度	%	≤1.0	经纬仪检查桩管垂直度

4.5.13 振冲砂石桩和沉管砂石桩复合地基施工的质量记录应包括下列内容：

　　1 振冲砂石桩：

　　　　1）岩土工程勘察报告；

　　　　2）振冲施工记录（包括密实电流、填料量和留振时间等）；

　　　　3）振冲地基承载力检验报告；

　　　　4）检验批验收记录。

　　2 沉管砂石桩：

　　　　1）岩土工程勘察报告；

　　　　2）原材料合格证和试验报告；

　　　　3）施工记录（包括孔位、标高、孔径、灌砂量等）；

　　　　4）地基承载力检验报告；

　　　　5）检验批验收记录。

Ⅱ 土和灰土挤密桩复合地基

4.5.14 土和灰土挤密桩适用于处理地下水位以上的素填土和杂填土等地基，可处理地基的深度为 3 m～15 m。当以提高地基土的承载力或增强其水稳性为主要目的时，宜选用灰土挤密桩法；当地基土的含水量大于 24%，饱和度大于 65%时，应通过试验确定其适用性。

4.5.15 土和灰土挤密桩复合地基施工前应做下列施工准备：

  1 技术准备包括下列内容：

    1）熟悉施工图纸和岩土工程勘察报告，理解设计意图和土层的特性。

    2）对重要工程或在缺乏经验的地区，施工前应按设计要求，在现场进行试验。如土性基本相同，试验可在一处进行；如土性差异明显，应在不同地段分别进行试验。

    3）编制施工方案和进行技术交底。

  2 应按设计要求准备土料和石灰。

  3 施工前应准备下列主要机具：

    1）成孔设备一般采用锤击或振动打桩机；

    2）宜选用重量 10 kN～30 kN 的夯锤，夯锤直径应较桩孔直径小 50 mm～100 mm，宜采用下端呈抛物线锤体形的梨形锤或长形锤。

  4 施工前应满足下列作业条件：

    1）挤密桩施工一般先将基坑挖至基底设计标高以上，应预留出 200 mm～300 mm 厚的土层；

    2）土及石灰的质量经检验符合设计要求；

    3）桩孔位置已放线确定，并经检查验收。

4.5.16 土和灰土挤密桩复合地基所用材料应按本规程第4.2.3条的规定执行。

4.5.17 土和灰土挤密桩复合地基施工工艺应按图 4.5.17 执行，并应符合下列规定：

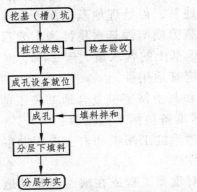

图 4.5.17 土和灰土挤密桩复合地基施工工艺流程

1 成孔和孔内回填夯实的施工顺序：当整片处理时，宜从里（或中间）向外间隔 1~2 孔进行，对大型工程，可采取分段施工；当局部处理时，宜从外向里间隔 1~2 孔进行。

2 向孔内填料前，孔底应夯实，并应抽样检查桩孔的直径、深度和垂直度。

3 经检验合格后，应按设计要求，向孔内分层填入筛好的素土、灰土或其他填料，并应分层夯实至设计标高。

4.5.18 土和灰土挤密桩复合地基施工的质量控制要点：

1 施工前，应对土及灰土的质量、桩孔放线位置等做检查；

2 对桩孔直径、桩孔深度、夯击次数、填料的含水量等做检查；

3 施工结束后，应检验成桩的质量及地基承载力。

4.5.19 土和灰土挤密桩复合地基施工完成后对成品的保护应包括下列措施：

1 施工中，应保护测量标志桩；

2 桩成孔后，应立即进行填料夯实施工，防止坍孔；

3 施工完的桩顶禁止机械在其上行走，防止破坏桩顶；

4 挖除预留土层时，应用人工从一端向另一端退挖，用手推车运土，以保护桩头不被碾压破坏。

4.5.20 土和灰土挤密桩复合地基施工的安全、环保及职业健康措施应符合下列要求：

1 熟化石灰和石灰过筛、灰土拌合，操作人员应戴口罩、风镜、手套、套袖等劳动保护用品；

2 土料运输应加以覆盖，防止遗洒；场内存放的土料应采取洒水、覆盖等措施，防止扬尘。

4.5.21 土和灰土挤密桩复合地基施工的质量检验标准应符合表 4.5.21 的规定。

表 4.5.21 土和灰土挤密桩复合地基质量检验标准

项	序	检查项目	允许偏差或允许值		检查方法
			单位	数值	
主控项目	1	桩体及桩间土干密度	设计要求		现场取样检查
	2	桩长	mm	+500	测桩管长度或垂球测孔深
	3	地基承载力	设计要求		按规定方法
	4	桩径	mm	－20	用钢尺量
一般项目	1	土料有机质含量	%	≤5	试验室焙烧法
	2	石灰粒径	mm	≤5	筛分法
	3	桩位偏差	不大于设计桩径的5%		用钢尺量
	4	垂直度	%	≤1.5	用经纬仪测桩管
	5	桩孔深度	mm	±500	用钢尺量

4.5.22 土和灰土挤密桩复合地基施工的质量记录应包括下列内容：

1 岩土工程勘察报告；

2 土及生石灰试验报告；

3 施工记录（包括桩孔直径、桩孔深度、夯击次数、填料的含水量等）；

4 桩体和桩间土的干密度试验报告；

5 地基承载力检验报告；

6 检验批验收记录。

Ⅲ 高压喷射注浆复合地基

4.5.23 高压喷射注浆复合地基施工应符合下列规定：

1 适用于处理淤泥、淤泥质土、流塑、软塑和可塑的黏性土、粉土、砂土、黄土、素填土和碎石土等地基；但对含有较多大直径块石、坚硬黏性土、大量植物根茎和高含量有机质的土以及地下水流速较大、喷射浆液无法在注浆管周围凝聚的情况下，不宜采用。

2 施工中应根据工程需要和土质条件选用单管法、双管法和三管法。

4.5.24 高压喷射注浆复合地基施工前应做下列准备：

1 技术准备应包括下列内容：

1）熟悉设计图纸和岩土工程勘察报告，了解设计加固要求和须达到的标准及检测手段；

2）掌握临近建筑物和地下设施类型、分布及结构情况；

3）进行现场试验，确定施工参数及工艺；

4）编制施工方案和进行技术交底。

2 施工所用主要材料应包括水泥、外加剂和水，外加剂包括速凝剂、早强剂（如氯化钙、水玻璃、三乙醇胺等）、扩散剂（NNO、三乙醇胺、亚硝酸钠、硅酸钠等）、填充剂（粉煤灰、矿渣等）、抗冻剂（如沸石粉、NNO、三乙醇胺和亚硝酸钠）、抗溶剂（水玻璃）。

3 主要机具应包括钻机、高压泥浆泵、高压清水泵、空压机、浆液搅拌机、真空泵等。

4 施工前应满足下列作业条件：

1）场地应具备"三通一平"；

2）按有关要求铺设备种管线（施工电线、输浆、输水、输气管），开挖泥浆池及泥浆沟（槽）；

3）测量放线，并设置桩位标志；

4）机具设备已配齐、进场，并进行维修、安装就位，进行试运转；

5）进行现场试桩，已确定成桩施工的各项施工工艺参数。

4.5.25 高压喷射注浆复合地基施工用材料应按本规程第4.3.3条的相关规定执行。

4.5.26 高压喷射注浆复合地基施工工艺应按图4.5.26执行，并应符合下列规定：

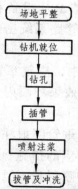

图 4.5.26 高压喷射注浆复合地基施工工艺流程

1 施工前应先进行场地平整，测放好钻孔桩位，挖好排放泥浆沟（槽）。

2 旋转振动钻机适用于标准贯入击数小于 40 的砂土和黏性土层，当遇到比较坚硬的地层时宜用地质钻机钻孔，二重管和三重管旋喷法施工中宜采用地质钻机钻孔，钻孔位置允许偏差应为 ±50 mm，垂直度允许倾偏差应为 ±1%。

3 振动钻机钻孔应与插管作业同时完成，地质钻机钻孔完毕后，应拔出岩芯管，换上旋喷管并插入到预定深度；插管过程中，为防止泥砂堵塞喷嘴，可边射水边插管，水压力宜不超过 1 MPa。

4 喷射作业应由下而上进行，应随时检查浆液初凝时间、注浆流量、风量、压力、旋转提升速度等参数是否符合设计要求，并做好记录，应绘制作业过程曲线。

5 水泥浆液水灰比宜为 0.8～1.2，初凝时间宜为 15 h。

6 喷射施工完毕后，机具设备应冲洗干净。

4.5.27 高压喷射注浆复合地基的质量控制要点：

1 钻机或旋喷机就位时机座要平稳，立轴或转盘要与孔位对正，其倾角偏差一般不得大于 0.5°。

2 喷射注浆前应检查高压设备和管路系统，设备的压力和排量应满足设计要求，管路系统密封应良好，各通道和喷嘴不得有杂物。

3 在喷射注浆过程中，应观察冒浆的情况，及时了解土层情况、喷射注浆的大致效果和喷射参数是否合理，喷射注浆应符合下列规定：

1）采用单管或二重管喷射注浆时，冒浆过多或完全不冒浆应查明原因并采取相应的措施；采用三重管喷射注浆时，冒浆量则应大于高压水的喷射量，但不应超量过多。当因地层中有较大空隙而不冒浆，可在浆液中掺加适量速凝剂或增大注浆量；如冒浆过大，可减少注浆量或加快提升和回转速度，也可缩小喷嘴直径或提高喷射压力。

  2）在砂层中用单管或二重管注浆旋喷时，可以利用冒浆进行补灌已施工过的桩孔，但在黏土层、淤泥层中旋喷或用三重管注浆旋喷时，不宜利用冒浆回灌。

  3）在软弱地层旋喷时，固结体强度低，可以在旋喷后用砂浆泵注入 M15 水泥砂浆来提高固结体的强度。

  4）在湿陷性地层进行高压喷射注浆成孔时，如用清水或普通泥浆作冲洗液，会加剧沉降，宜用空气洗孔。

  5）在砂层尤其是干砂层中旋喷时，为避免夹钻，喷头的外径不宜大于注浆管。

 4 为了加大固结体尺寸，或为了避免深层硬土固结体尺寸减小，可以采用提高喷射压力、泵量或降低回转与提升速度等措施，也可以采用复喷工艺。第一次喷射（初喷）时，不注水泥浆液，初喷完毕后，将注浆管边送水边下降至初喷开始的孔深，再抽送水泥浆，自下而上进行第二次喷射（复喷）。

 5 对冒浆应妥善处理，及时清除沉淀的泥渣。

 6 喷射注浆作业后，应及时用水灰比为 0.6 的水泥浆进行补灌，并预防其他钻孔排出的泥土或杂物进入。

4.5.28 高压喷射注浆复合地基施工完成后对成品的保护应包括下列措施：

 1 相邻桩施工间距宜大于 4 m，相邻两桩间距小于桩直径时，施工间隔时间应不小于 48 h，以防破坏已施工的相邻桩；

 2 高压喷射注浆体施工完成后，未达到养护龄期 28 d 时不得投入使用。

4.5.29 高压喷射注浆复合地基施工的安全、环保及职业健康措施应符合下列要求：

1 当采用高压喷射注浆加固既有建筑地基时,应采取速凝浆液或大间距隔孔旋喷和冒浆回灌等措施,以防旋喷过程中地基产生附加变形和地基与基础之间脱空现象,影响被加固建筑及邻近建筑的安全。同时,应对被加固建筑和邻近建筑物进行沉降观测。

2 施工过程中应对冒浆进行妥善处理,不得在场地汽随意排放。可采用泥浆泵将浆液抽至沉淀池中,对浆液中的水与固体颗粒进行沉淀分离,将沉淀的固体运至指定排放地点。

3 拌制水泥浆时应采取措施尽量减少扬尘,操作人员应戴口罩、风镜、手套等防护用品。

4.5.30 高压喷射注浆复合地基施工的质量检验标准应符合表 4.5.30 的规定。

表 4.5.30　高压喷射注浆复合地基质量检验标准

项目	序	检查项目	允许偏差或允许值		检查方法
			单位	数值	
主控项目	1	水泥及外掺剂质量	符合出厂要求		查产品合格证书或抽样送检
	2	水泥用量	设计要求		查看流量表及水泥浆水灰比
	3	桩体强度或完整性检验	设计要求		按规定方法
	4	地基承载力	设计要求		按规定方法
一般项目	1	钻孔位置	mm	≤50	用钢尺量
	2	钻孔垂直度	%	≤1.5	经纬仪测钻杆或实测
	3	孔深	mm	±200	用钢尺量
	4	注浆压力	按设定参数指标		查看压力表
	5	桩体搭接	mm	>200	用钢尺量
	6	桩体直径	mm	≤50	开挖后用钢尺量
	7	桩身中心允许偏差		≤0.2D	开挖后桩顶下 50 mm 处用钢尺量,D 为桩径

4.5.31 高压喷射注浆复合地基施工的质量记录应包括下列内容：

1 岩土工程勘察报告或原位测试报告；

2 高压喷射注浆施工记录；

3 高压喷射注浆地基桩体强度、地基承载力检验报告；

4 检验批验收记录。

Ⅳ 夯实水泥土桩复合地基

4.5.32 夯实水泥土桩适用于处理地下水位以上的粉土、素填土、杂填土、黏性土等地基，处理深度不宜大于 15 m。

4.5.33 夯实水泥土桩复合地基施工前应做下列准备：

1 技术层面应做下列准备：

1）熟悉设计文件和岩土工程勘察报告，掌握土层的厚度和组成、土的含水量、有机质含量和地下水的腐蚀性等；

2）根据设计要求，针对现场地基土的性质，选择合适的水泥品种，进行配合比试验；

3）编制施工方案和进行技术交底；

4）施工前，应在现场进行成孔、夯填工艺和挤密效果试验，以确定分层填料厚度、夯击次数和夯实后桩体干密度要求。

2 根据设计要求和现场试验选择水泥、土料和褥垫层材料。

3 施工前应准备下列主要机具：

1）挤土成孔可选用沉管或冲击成孔设备，非挤土成孔可选用洛阳铲或螺旋钻机；

2）铸钢制成的圆柱形夯锤，重量宜为 10 kN ~ 30 kN；

4 施工前应满足下列作业条件：

1）施工场地已进行平整，障碍物已清除，对影响机械运行的软弱场地已进行处理，周围已做好有效的排水措施；

2）材料已按计划进场，经验收符合要求，并进行了水泥土配比试验；

3）所用机械设备和工具已进场，并经调试运转正常。

4.5.34 夯实水泥土桩复合地基所用材料应符合下列规定：

1 水泥宜选用强度等级 32.5 级以上的普通硅酸盐水泥；

2 土料应符合设计要求，土料有机质含量不应大于 5%，且不得含有冻土和膨胀土；

3 褥垫层宜采用级配良好的中砂、粗砂或卵石（碎石）等，最大粒径不宜大于 20 mm。

4.5.35 夯实水泥土桩复合地基的施工工艺应按图 4.5.35 执行，并应符合下列规定：

图 4.5.35 夯实水泥土桩复合地基施工工艺流程

1 按设计要求和已确定的施工顺序布置桩位，记录桩位编号，成孔。

2 填料前应先夯实孔底，填料应分层夯填，夯锤的落距和填料厚度应根据现场试验确定，混合料的压实系数不应小于 0.93，夯填后桩顶高度应大于设计标高 200 mm ~ 300 mm。

3 施工过程中，应有专人监测成孔及回填夯实的质量，并作好施工记录。如发现地基土质与勘察资料不符时，应查明情况，采取有效处理措施。

4 褥垫层施工时应将多余桩体凿除，桩顶面应水平，褥垫层应夯实，夯填度不得大于0.9。

4.5.36 夯实水泥土桩复合地基的质量控制要点：

1 水泥及夯实用土料的质量应符合设计要求；

2 应检查孔位、孔深、孔径、水泥土的配比、混合料含水量等，施工过程中应及时抽样检验成桩质量，抽样数量不应少于总桩数的2%；

3 施工结束后，应对桩体质量及复合地基承载力做检验，褥垫层应检查其夯填度。

4.5.37 夯实水泥土桩复合地基施工完成后对成品的保护应包括下列措施：

1 施工中应保护测量标志桩不被扰动；

2 保护土层和桩头清除至设计标高后，应尽快进行褥垫层的施工，以防桩间土被扰动；

3 雨季或冬期施工时，应采取防雨、防冻措施，防止土料和水泥受雨水淋湿或冻结。

4.5.38 夯实水泥土桩复合地基施工的安全、环保及职业健康措施应符合下列要求：

1 施工机械用电应采用一机一闸一保护；

2 土料运输应加以覆盖，防止遗洒，场内存放的土料应采取洒水、覆盖等措施，防止扬尘；

3 水泥土拌和时，应采取遮挡措施，防止扬尘，操作人员应口罩、风镜等防护用品。

4.5.39 夯实水泥土桩复合地基施工的质量检验标准应符合表 4.5.39 的规定。

表 4.5.39 夯实水泥土桩复合地基质量检验标准

项	序	检查项目	允许偏差或允许值		检查方法
			单位	数值	
主控项目	1	桩径	mm	－20	用钢尺量
	2	桩长	mm	＋500	测桩孔深度
	3	桩体干密度	设计要求		现场取样检查
	4	地基承载力	设计要求		按规定的方法
一般项目	1	土料有机质含量	%	≤5	焙烧法
	2	含水量（与最佳含水量比）	%	±2	烘干法
	3	土料粒径	mm	≤20	筛分法
	4	水泥质量	设计要求		查产品质量合格证书或抽样送检
	5	桩位偏差	满堂布桩≤0.40D 条基布桩≤0.25D		用钢尺量，D 为桩径
	6	桩孔垂直度	%	≤1.5	用经纬仪测桩管
	7	褥垫层夯填度	≤0.9		用钢尺量

注：1 夯填度指夯实后的褥垫层厚度与虚体厚度的比值；
　　2 桩径允许偏差负值是指个别断面。

4.5.40 夯实水泥土桩复合地基施工的质量记录应包括下列内容：

   1 岩土工程勘察报告；

   2 原材料出厂合格证和试验报告；

   3 混合料配合比通知单；

4 施工记录（包括孔位、孔深、孔径、水泥土配合比、混合料含水量等）；

5 地基承载力检验报告；

6 检验批验收记录。

V 水泥粉煤灰碎石桩复合地基

4.5.41 水泥粉煤灰碎石桩适用于处理黏性土、粉土、砂土、已自重固结的素填土和粒径较小的卵石层地基，对淤泥质土应按地区经验或通过现场试验确定其适用性。

4.5.42 水泥粉煤灰碎石桩复合地基施工前应做下列准备：

1 技术准备应包括下列内容：

1）根据设计要求，经试验确定混合料配合比；

2）试成孔应不少于 3 个，以复核地质资料以及设备、工艺是否适宜，核定选用的技术参数；

3）编制施工方案和进行技术交底。

2 施工前准备的主要材料包括水泥、卵（碎）石、中砂、粗砂、粉煤灰等。

3 施工前应准备下列主要机具：

1）成孔机具，可根据土层情况及地下水分布选用振动沉管打桩机、长（短）螺旋钻孔机或简易成孔机；

2）混凝土搅拌机、上料及计量设施、混凝土振动设备；

3）柱锤、盖板等。

4 施工前应满足下列作业条件：

1）施工前应具备下列资料包括：岩土工程勘察报告和必要的水文资料；CFG 桩布桩图，并应注明桩位编号，以及设计说明和施工说明；建筑场地邻近的高压电缆、电线、地下管线、地下构筑物及障碍物等调查资料；建筑物场地的水准控制点和建筑物位置控制坐标等资料。

2）具备"三通一平"条件。

3）已确定施工机具和配套设施，并已按计划进场。

4）已按施工平面图放好桩位，并经监理、业主复核。

5）施打顺序及桩机行走路线已确定。

4.5.43 水泥粉煤灰碎石桩复合地基施工所用材料应符合下列规定：

1 采用强度等级不低于 32.5 级的普通硅酸盐水泥，水泥进场应有出厂合格证和复验报告；

2 卵（碎）石粒径 20 mm ~ 50 mm，中砂、粗砂杂质含量小于 5%；

3 采用符合Ⅲ级及以上标准的粉煤灰。

4.5.44 振动沉管灌注成桩施工工艺应按图 4.5.44 执行，并应符合下列规定：

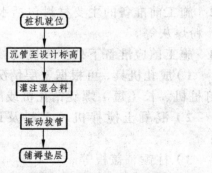

图 4.5.44 振动沉管灌注成桩施工工艺流程

1 桩机就位须平整、稳固，沉管与地面保持垂直，一般应采用混凝土预制桩尖（如确需采用活瓣桩尖，应经现场试验验证）；

2 经试配取得配合比，用混凝土搅拌机搅拌的时间不少于 2 min，坍落度宜为 30 mm～50 mm；

3 沉管至设计标高并用料斗在管顶投料口向桩管内投料（地下水位以下作业时应事先向管内投入 1 m 高的封底混凝土）；

4 当按计算要求投料完毕后，沉管在原地留振 10 s 左右，即可边振边拔管，每提升 1.5 m～2.0 m，留振 20 s 直至桩管拔出地面；

5 拔管速度应匀速，应控制在 1.2 m/min～1.5 m/min，如遇淤泥土或淤泥质土，拔管速度可适当放慢。

4.5.45 长螺旋钻孔灌注成桩施工工艺应按图 4.5.45 执行，并应符合下列规定：

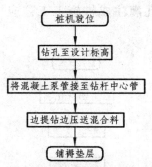

图 4.5.45 长螺旋钻孔灌注成桩施工工艺流程

1 钻机就位，垂直度偏差不大于 1.0%；

2 控制好钻孔入土深度，确保桩长偏差在 ±100 mm 范围内；

3 钻至设计标高后，停钻开始泵送混合料，当钻杆芯管内充满混凝土后，边送料边开始提钻，提钻速率宜掌握在 2 m/min ~ 3 m/min，应保持孔内混凝土高出钻头 0.5 m；

4 管内泵送混合料成桩施工，应准确掌握提拔钻杆时间，混凝土泵送量应与拔管速度相配合，遇到饱和砂土或饱和粉土层，不得停泵待料，严禁先提钻后泵料，混合料坍落度宜为 160 mm ~ 200 mm；

5 成桩过程应连续进行，尽量避免因待料而中断成桩，因特殊原因中断成桩，应避开饱和砂土、粉土层；

6 搅拌好的混合料通过溜槽注入到泵车储料斗时，需经一定尺寸的过滤栅，避免大粒径或片状石料进入储料斗，造成堵管现象；

7 为防止堵管，应及时清理混凝土输送管，应及时检查输送管的接头是否牢靠，密封圈是否破坏，钻头阀门及排气阀门是否堵塞。

4.5.46 短螺旋钻孔灌注成桩施工工艺应按图 4.5.46 执行，并应符合下列规定：

图 4.5.46 短螺旋钻孔灌注成桩施工工艺流程

1 桩机就位必须保持平稳，机架上应做出控制标尺；

2 钻至设计深度后，应空转清土，孔底虚土厚度应满足要求，用柱锤夯实孔底，必要时可加入少量大卵石；

3 可用吊坠法测定垂直度偏差并做好调整，应防止钻杆晃动过大引起孔径扩大；

4 复查孔深、孔径、垂直度，符合要求后进行混凝土浇筑，混合料坍落度一般为 80 mm～120 mm，可一次灌注完成后再振捣成桩。

5 应保证在凿除浮浆后桩顶标高符合设计要求。

4.5.47 简易成孔机成桩施工工艺应按图 4.5.47 执行，并应符合下列规定：

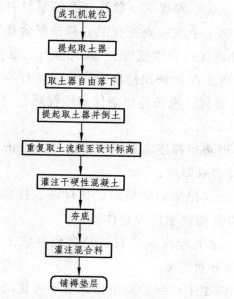

图 4.5.47 简易成孔机成桩施工工艺流程

1 该方法仅适宜于微膨胀性土、黏隘土及无地下水的粉土地基；

2 成孔机就位，桩位偏差不大于 20 mm；

3 卷扬机提起取土器至一定高度，松开离合开关使取土器自由下落，然后提起取土器取出泥土，重复取土过程直至设计标高；

4 向孔内灌入一斗车干硬性混凝土（如采用向孔底抛 3～5 个人头石，则应经试验验证），用锤夯底。然后灌入混合料，每灌入 1 m～1.5 m 的混合料宜用锤夯实。

4.5.48 水泥粉煤灰碎石桩复合地基施工的质量控制要点：

1 水泥、粉煤灰、砂及碎石等原材料应符合设计要求；

2 施工中应检查桩身混合料的配合比、坍落度和提拔钻杆速度（或提拔套管速度）、成孔深度、混合料灌入量等；

3 施工时，桩顶标高应高出设计标高，其数据应根据桩距、布桩形式、现场地质条件和施打顺序等综合确定，一般不宜小于 0.5 m；

4 褥垫层厚度宜为 150 mm～300 mm，虚铺完成后宜压实至设计要求厚度；

5 施工结束后，应对桩顶标高、桩位、桩体质量、地基承载力以及褥垫层的质量作检查。

4.5.49 水泥粉煤灰碎石桩复合地基施工完成后对成品的保护应包括下列措施：

1 施工中应保护测量标志桩不被扰动。

2 桩体应经成桩 7 d 达到一定强度后，方可进行基槽开挖。清土和截桩时，不得造成桩顶标高以下桩身断裂和扰动桩间土。

3 挖至设计标高后，应剔除多余的桩头。

4 保护土层和桩头清除至设计标高后，应尽快进行褥垫层的施工，以防桩间土被扰动。

4.5.50 水泥粉煤灰碎石桩复合地基施工的安全、环保及职业健康措施应符合下列要求：

1 机械设备操作人员应经过专业培训，熟悉机械操作性能，并持证上岗；

2 机械设备操作人员和指挥人员严格遵守安全操作技术规程，工作时集中精力，谨慎工作，不擅离职守，严禁酒后驾驶；

3 机械设备发生故障后及时检修；

4 施工现场严格遵守现行行业标准《施工现场临时用电安全技术规范》JGJ 46 的规定，孔上电缆应架空 2.0 m 以上，严禁拖地和埋压土中，夜间施工应有足够照明；

5 易于引起粉尘的细料或松散料运输时用帆布、盖套等遮盖物覆盖，施工中不得扬尘；

6 施工废水、生活污水不直接排入农田、耕地、灌溉渠和水库，不得排入饮用水源；

7 驶出施工现场的车辆应进行清理，避免携带泥土。

4.5.51 水泥粉煤灰碎石桩复合地基的施工质量检验标准应符合表 4.5.51 的规定。

表 4.5.51　水泥粉煤灰碎石桩复合地基质量检验标准

项	序	检查项目	允许偏差或允许值		检查方法
			单位	数值	
主控项目	1	原材料	设计要求		查产品合格证书或抽样送检
	2	桩径	mm	− 20	用钢尺量或计算填料量
	3	桩身强度	设计要求		查 28 d 试块强度
	4	地基承载力	设计要求		按规定方法
一般项目	1	桩身完整性	按现行行业标准《建筑基桩检测技术规范》JGJ 106		按现行行业标准按《建筑基桩检测技术规范》JGJ 106
	2	桩位偏差	满堂布桩≤0.40D 条基布桩≤0.25D		用钢尺量，D 为桩径
	3	桩垂直度	%	≤1.0	用经纬仪测桩管
	4	桩长	mm	+100	测桩管长度或垂球测孔深
	5	褥垫层夯填度	≤0.9		用钢尺量

注：1　夯填度指夯实后的褥垫层厚度与虚体厚度的比值；

2　桩径允许偏差负值是指个别断面。

4.5.52　水泥粉煤灰碎石桩复合地基施工的质量记录应包括下列内容：

1　岩土工程勘察报告；

2　原材料出厂合格证和试验报告；

3　混凝土配合比通知单；

4　施工记录（包括混凝土的配合比、坍落度和提拔钻杆速度或提拔套管速度，成孔深度、混凝土灌入量等）；

    5   混凝土试块强度试验报告；

    6   地基承载力检验报告；

    7   检验批验收记录。

5 桩基础

5.1 一般规定

5.1.1 桩位的放样允许偏差应符合下列规定：

   1 群桩为 20 mm；

   2 单排桩为 10 mm。

5.1.2 桩基工程的桩位验收，除设计规定外，应按下列要求进行：

   1 桩顶设计标高与施工场地标高相同，或桩基施工结束后就对桩位进行检查时，桩基工程的桩位验收应在施工结束后进行；

   2 桩顶设计标高低于施工场地标高，送桩后无法对桩位进行检查时，对打入桩可在每根桩沉至场地标高时，进行中间验收；待全部桩施工结束，承台或底板开挖至设计标高后，再做最终验收；对灌注桩可对护筒做中间验收。

5.1.3 打入桩（预制混凝土方桩、先张法预应力管桩）的桩位偏差，应符合表 5.1.3 的规定。斜桩倾斜度的偏差不得大于倾斜角正切值的 15%（倾斜角系桩的纵向中心线与铅垂线间夹角）。

表 5.1.3　预制桩的桩位允许偏差　　　　单位：mm

序号	项 目		允许偏差
1	盖有基础梁的桩	垂直基础梁的中性线	$100 + 0.01H$
		沿基础梁的中心线	$150 + 0.01H$

序号	项 目		允许偏差
2	桩数为 1～3 根桩基中的桩		100
3	桩数为 4～16 根桩基中的桩		1/2 桩径或边长
4	桩数大于 16 根桩基中的桩	最外边的桩	1/3 桩径或边长
		中间桩	1/2 桩径或边长

注：H 为施工现场地面标高与桩顶设计标高的距离。

5.1.4 灌注桩的桩位偏差应符合表 5.1.4 的规定，桩顶标高至少比设计标高高出 0.5 m（人工挖孔灌注桩除外），桩底清孔质量按不同的成桩工艺有不同的要求，应按本章的各节要求执行。每浇筑 50 m³ 应有 1 组试件，小于 50 m³ 的桩，每根桩必须有 1 组试件。

表 5.1.4　灌注桩的平面位置和垂直度的允许偏差

序号	成孔方法		桩径允许偏差/mm	垂直度允许偏差/%	桩位允许偏差	
					1～3 根桩、单排桩基垂直于中心线方向和群桩基础的边桩	条形桩基沿中心线方向和群桩基础的中间桩
1	泥浆护壁钻孔桩	$D ≤ 1000$ m	± 50	< 1	$D/6$，且不大于 100	$D/6$，且不大于 150
		$D > 1000$ m	± 50		100+0.01H	150+0.01H
2	套管成孔灌注桩	$D ≤ 500$ mm	－ 20	< 1	70	150
		$D > 500$ mm			100	150
3	干成孔灌注桩		－ 20	< 1	70	150
4	人工挖孔桩	混凝土护壁	+ 50	< 0.5	50	150
		钢套管护壁	+ 50	< 1	100	200

注：1　桩径允许偏差的负值是指个别断面；
　　2　采用复打、反插法施工的桩，其桩径允许偏差不受上表限制；
　　3　H 为施工现场地面标高与桩顶设计标高的距离；D 为设计桩径。

5.1.5 工程桩应进行承载力检验。对于地基基础设计等级为甲级或地质条件复杂、成桩质量可靠性低的灌注桩，应采用静载荷试验的方法进行检验，检验桩数不应少于总数的 1%，不应少于 3 根，当桩总数少于 50 根时，不应少于 2 根。

5.1.6 桩身质量应进行检验。对设计等级为甲级或地质条件复杂、成桩质量可靠性低的灌注桩，抽检数量不应少于总数的 30%，且不应少于 20 根；其他桩基工程的抽检数量不应少于总数的 20%，且不应少于 10 根；对混凝土预制桩及地下水位以上且终孔后经过核验的灌注桩，检验数量不应少于总桩数的 10%，且不得少于 10 根。每个柱子承台下不得少于 1 根。

5.1.7 对砂、石子、钢材、水泥、外加剂、掺和料等原材料的质量、检验项目、批量和检验方法，应符合国家现行标准的规定。

5.1.8 除本规程第 5.1.5 条、第 5.1.6 条规定的主控项目外，其他主控项目应全部检查，对一般项目，除已明确规定外，其他可按 20%抽查，但混凝土灌注桩应全部检查。

5.2 预制桩

Ⅰ 预应力管桩

5.2.1 预应力管桩宜以坚硬黏性土层、中密或密实卵石层、中风化岩层作为桩端持力层，但不宜用于下列场地：

　　1 土层中夹有难以清除的孤石、障碍物；

　　2 管桩难以贯穿的岩面上不适合做桩端持力层的土层，或持力层较薄且持力层的上覆土层较为松软；

　　3 管桩难以贯穿的岩面埋藏较浅且倾斜较大。

5.2.2 预应力管桩施工前应做下列准备：

   1 技术准备包括下列内容：

    1）熟悉施工图纸和岩土工程勘察报告，了解各层土的物理力学指标；

    2）了解邻近建筑物、构筑物的位置、距离、结构和目前使用情况等；了解沉桩区域及附近的地下管线的距离、埋置深度、使用年限、管径大小、结构情况等；

    3）编制施工方案和进行技术交底。

   2 施工前应准备好预应力管桩、钢板、焊条等材料。

   3 施工前应准备的主要机具包括：

    1）打桩机（打桩机桩锤选择参见附录 D）；

    2）配套起重机械可选择履带式起重机或汽车式起重机，根据场地条件及桩的重量、长度选用；

    3）送桩器；

    4）电焊机。

   4 施工前应满足下列作业条件：

    1）应具有工程地质资料、桩基施工平面图、桩基施工方案。

    2）已排除桩基范围内的高空、地面和地下障碍物，场地已平整压实，能保证打桩机械在场内正常运行，雨季施工，已做好排水措施。

    3）打桩场地附近建（构）筑物有防震要求时，已采取防振措施。

    4）控制桩已设定，并已复核。每根桩的桩位测定完毕，已打好定位桩，并用白灰做出标志。

    5）已确定打桩机械设备的进出路线和沉桩顺序。

6）检查打桩机械设备及起重工具，铺设水、电管线，进行设备架立组装。在桩架上设置标尺或在桩侧面画上标尺，以便能观测桩身入土深度。

7）检查桩的规格与质量，将桩按平面布置图堆放在附近，不合格的桩清除出场。

8）已焊接好桩尖，焊缝应饱满，制作桩尖的钢板不宜小于 8 mm。

9）对重要工程或场地复杂的工程已进行了试桩。

10）已准备好桩基工程沉桩记录和隐蔽工程验收记录表格，并安排好记录和质量控制人员。

5.2.3　预应力管桩施工的材料应符合下列规定：

1　桩的规格、型号、质量应符合现行国家标准《先张法预应力混凝土管桩》GB 13476 的规定，并有出厂合格证明。桩应经 28 d 养护，强度达到 100%，并有混凝土强度试验报告及钢筋检验报告。

2　桩的表面应平整、密实、无裂缝。

3　焊条和钢板应有产品合格证和符合设计要求。

4　当地基土中地下水对混凝土有侵蚀性时，应按设计要求或有关规范规定，采用抗腐蚀的水泥和骨料，或掺抗腐蚀外加剂。

5.2.4　预应力管桩打桩施工工艺应按图 5.2.4 执行，并应符合下列规定：

1　预应力管桩的施工顺序，应符合下列规定：

1）当桩较密集且距周围建（构）筑物较远，施工场地较开阔时，宜从中间向四周对称施打；

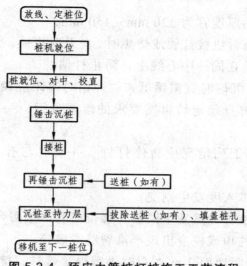

图 5.2.4 预应力管桩打桩施工工艺流程

2）当桩较密集、场地狭长、两端距建（构）筑物较远时，宜从中间向两端对称施打；

3）当桩较密集且一侧靠近建（构）筑物时，宜从毗邻建筑物一侧开始向另一方向施打。

2　桩就位时一般单点将管桩吊直，使桩尖插在白灰圈中心。

3　在桩头放入衬垫并套上桩帽，进行对中和调垂直，用两台经纬仪在两个方向进行观测垂直度（包括打桩架导杆的垂直度）。

4　桩帽、锤垫和衬垫选择应符合下列规定：

1）桩帽内径宜大于桩径 10 mm～20 mm，其深度为 300 mm～400 mm，并应有排气孔；

2）锤垫可采用竖纹硬木，厚度为 150 mm～200 mm；

3）衬垫可采用硬纸板、麻袋、胶合板及橡胶制品等，衬垫锤击后的厚度宜为 120 mm ~ 150 mm；

4）当衬垫被打硬或烧焦时，应及时更换。桩身、桩帽、送桩和桩锤应在同一中心线上，防止打偏。

5　锤击沉桩时宜重锤低击，开始时落距应较小，待入土一定深度且桩身稳定后再按要求的落距进行，一根桩应一次打入。

6　如遇下列情况应暂停打桩，并及时与有关单位研究处理：

1）贯入度发生剧变；

2）桩身突然发生倾斜、移位或有严重回弹；

3）桩顶或桩身出现严重裂缝或破碎。

7　桩段距地面 1 m 左右时进行焊接接桩，接桩时应符合下列规定：

1）上、下桩段应清理干净，依靠定位板进行拼接；

2）拼接处坡口槽电焊应分层对称进行，焊缝应连续饱满，焊后应清除焊渣并检查焊缝饱满程度，接头处如有空隙，应采用楔形钢片填实焊牢；

3）接桩宜在桩尖穿过较硬的土层后进行，焊好的焊接接头应自然冷却（锤击桩不少于 8 min）后，才能继续沉桩，严禁用水冷却或焊好即沉。

8　需送桩时应采用送桩器，送桩器与桩之间应设置 1 层 ~ 2 层衬垫，送桩器应容易拔出并能重复使用，送桩器弯曲度不得大于 1‰。

9　桩停止锤击应符合下列规定：

1）桩端位于一般土层时，摩擦桩以控制桩端设计标高为主，贯入度可作参考；

2）桩端达到坚硬黏性土层、中密或密实卵石层、中风化岩层时，以贯入度控制为主，桩端标高可作参考；

3）贯入度已达到而桩端设计标高未到时，应连续锤击3阵，每阵10击的贯入度不大于设计规定的数值。

10 为避免或减小沉桩挤土效应和对邻近建筑物、地下管线等的影响，施打大面积密集桩群时，宜采取下列辅助措施：

1）预钻孔沉桩，孔径约比桩径宜小 50 mm～100 mm，深度视桩距和土的密实度、渗透性而定，深度宜为桩长的 1/2～2/3，施工时应随钻随打；

2）开挖地面防震沟可消除部分地面震动，可与其他措施结合使用，沟宽宜为 0.5 m～0.8 m，深度按土质情况以边坡能自稳定为准；

3）沉桩过程中应加强邻近建筑物，地下管线等的观测、监护。

5.2.5 预应力管桩施工的质量控制要点：

1 施工前，应检查进入现场的成品桩及接桩用电焊条等产品质量；

2 施工前必须进行试桩，试桩数量按设计要求；

3 打桩时桩锤、桩帽和桩身的中心线应重合，要自始至终保持桩身垂直，力戒偏打，且桩帽及垫层的设置应符合要求；

4 接桩时应确保焊接质量，重要工程应对电焊接头做10%的焊缝探伤检查，焊工应有上岗证；

5 施工结束后，应做承载力检验及桩体质量检验。

Ⅱ 混凝土预制桩

5.2.6 混凝土预制桩适用于淤泥、淤泥质土、填土、一般黏性土、粉土、砂土及碎石类土，桩尖宜以硬塑黏土、密实砂土、稍密以上的碎石类土及中风化岩石为桩端持力层。

5.2.7 混凝土预制桩施工前应做下列准备：

1 技术准备应按本规程第5.2.2条的规定执行；

2 准备好混凝土预制桩、焊条、硫磺胶泥等材料；

3 施工前应准备的主要机具应按本规程第 5.2.2 条的规定进行；

4 施工前应满足的作业条件应按本规程第 5.2.2 条的规定执行。

5.2.8 混凝土预制桩施工的材料应符合下列规定：

1 桩的规格、型号、质量应符合现行行业标准《预制钢筋混凝土方桩》JC 934 的规定，并有出厂合格证明。桩应经28 d 养护，强度达到 100%，并有混凝土强度试验报告及钢筋检验报告。

2 桩的表面应平整、密实、无裂缝。

3 焊条和硫磺胶泥应有产品合格证和符合设计要求。

4 当地基土中地下水对混凝土有侵蚀性时，应按设计要求或有关规范规定，采用抗腐蚀的水泥和骨料，或掺抗腐蚀外加剂。

5.2.9 混凝土预制桩打桩施工工艺应按图5.2.9执行，并符合下列规定：

1 混凝土预制桩打桩施工应执行本规程第 5.2.4 条的相关规定，每根桩的总锤击数宜在 1 000 击以内。

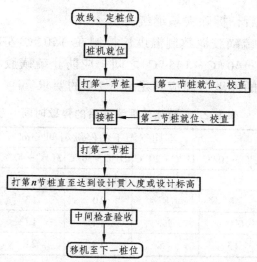

图 5.2.9 混凝土预制桩打桩施工工艺流程

2 混凝土预制桩接桩可以焊接或硫磺胶泥锚接，焊接接桩适用于各类土层，硫磺胶泥锚接适用于软土层。

3 焊接接桩应执行本规程第 5.2.4 条的相关规定，硫磺胶泥接桩应符合下列规定：

1）接桩面应清洁，应清除锚固钢筋锈斑和锚孔内的积水、杂物、油污等并使其干燥；

2）起吊上节桩，矫直外露锚固钢筋，将外露锚筋全部插入下节桩的预留孔中，应确保上下桩中心线对齐，偏差不大于 5 mm，节点矢高不大于 0.1%桩长；

3）稍提升上节桩，使上下节桩保持 200 mm～250 mm 的间隙，在下节桩四侧箍上特制的夹箍；

4）硫磺胶泥灌注时间不应超过 2 min，直到溢出孔外至桩顶整个平面，送下上节桩使两端面贴合，硫磺胶泥自然冷却一定时间后，拆除夹箍继续打桩；

    5）硫磺胶泥熬制温度应控制在 150 ℃ 左右，灌注温度应控制在 140 ℃～145 ℃ 之间，应防止硫磺胶泥中混进异物，灌注后的停歇时间应满足表 5.2.9 的要求。

表 5.2.9　硫磺胶泥灌注后的停歇时间

桩截面/mm	不同气温下的停歇时间/mm				
	0 ℃～10 ℃	11 ℃～20 ℃	21 ℃～30 ℃	31 ℃～40 ℃	41 ℃～50 ℃
	打　桩				
400×400	7	8	10	13	17
450×450	10	12	14	17	21
500×500	13	15	18	21	24

5.2.10　混凝土预制桩施工的质量控制要点：

    1　混凝土预制桩应有合格证，进场后应进行外观检查，成品硫磺胶泥应有合格证；

    2　按本规程第 5.2.5 条的相关规定执行；

    3　对总锤击数超过 500 击的锤击桩，应符合桩体强度及 28 d 龄期两项条件才能锤击；

    4　接桩施工时，应对连接部位上的杂质、油污、水分等清理干净，上下节桩应在同一轴线上，使用硫磺胶泥时严格按操作规程进行，保证配合比、熬制与灌注温度、停歇时间符合要求，以防接桩处出现松脱开裂。

Ⅲ　静压钢管桩

5.2.11　静压钢管桩适用于淤泥、淤泥质土、填土、一般黏性土、粉土、砂土及碎石类土，桩尖宜以硬塑黏土、密实砂土、稍密以上的碎石类土及中风化岩石为桩端持力层；静压钢管桩可用于对已有基础的加固。

5.2.12 钢管静压桩施工前应做下列准备：

1 技术准备应按本规程第 5.2.2 条的规定执行；

2 准备好钢管桩、钢筋、焊条、封桩混凝土等材料；

3 施工前应准备的主要机具包括压桩机（压桩设备选择参见附录 E）、反力架及配套装置、开孔机械、螺栓及封桩机具等；

4 施工前应满足的作业条件：

1）应按本规程第 5.2.2 条的相关规定执行；

2）锚固螺栓的基础应有足够强度及刚度；

3）已确定压桩的压力值及分级荷载，并已确定停桩标准。

5.2.13 静压钢管桩施工的材料应符合下列规定：

1 螺旋焊管钢管桩，壁厚宜为 6 mm～19 mm，长度不限；卷板焊管钢管桩，壁厚宜为 6 mm～47 mm，长度不应超过 6 m。

2 钢管桩顶部及底部的加强钢筋，应与桩体材质相同。

5.2.14 静压钢管桩施工工艺按图 5.2.14 执行，并符合下列规定：

1 按设计图纸测放桩位，当有遇明显障碍物时，可根据现场条件适当调整位置。

2 反力架安装，要保持垂直并应均衡拧紧锚固螺栓及螺帽，在压桩过程中应随时拧紧松动的螺帽，受力较大时应多个螺帽叠加使用。桩机就位，应结合开孔尺寸、锚固螺栓及周围空间条件进行。

3 压桩时应符合下列规定：

1）按设计压力的 20%进行试压，以检查锚固及反力架稳定性；

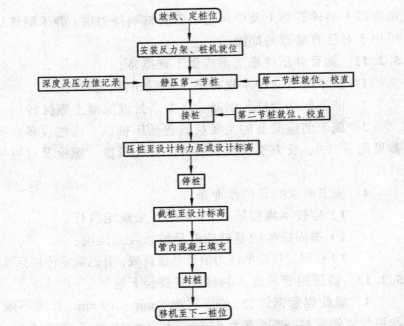

图 5.2.14 静压钢管桩施工工艺流程

　　2）压桩应连续进行，应尽量减少接桩时间，当必须有停顿时，桩端应停留在软弱土层，且停顿时间不宜大于 24 h；

　　3）当油压表读数突然急剧增大，可采用稍加压，持荷，再压入，再持荷等间断加压方式；

　　4）施工期间，压力总和不得超过被加固基础及上部结构的自重，且不宜多台压桩设备布置在同一承台上施工。

　　4　接桩焊接施工应执行本规程第 5.2.4 条的相关规定。

　　5　停桩可采用以最终压桩力控制为主、桩长控制为辅的双控原则。

　　6　采用氧气及乙炔气截桩时应使断面平整。

　　7　管内填充混凝土时，先用高风压清理桩孔内杂物及积水，混凝土塌落度宜为 100 mm～130 mm，且应振捣密实。

8 封桩应采用微膨胀混凝土，以形成封桩桩帽。

5.2.15 静压钢管桩施工的质量控制要点：

1 钢管桩应有合格证，进场后应进行外观检查；

2 压桩前，应先进行试压，并调整好反力架等设备；

3 对油压表读数异常增大区域，应及时核实土层结构，必要时可进行施工勘察；

4 接桩时，上下节桩应在同一轴线上，焊条应符合设计要求，重要工程应对焊接接头抽取 10%进行焊缝探伤检查；

5 压桩结束后，应进行承载力检验，检验合格后，再进行封桩，并采取相应措施保护封桩体。

5.2.16 预制桩施工完成后对成品的保护应包括下列措施：

1 预应力管桩混凝土达到 100%的设计强度方能出厂。长桩起吊时应采取措施，保持平稳，保护桩身不裂不断。

2 运输时，应做到桩身平稳放置，避免大的振动。

3 桩的堆场应平整、坚实，各层垫木应上下对齐，叠放层数不宜超过四层。

4 截桩时应采用截桩器，保持桩身完好。

5 应采取有效措施保证锚固钢筋不变形。

6 钢管静压桩应使封桩体不受撞击等损害。

5.2.17 预制桩施工的安全、环保及职业健康措施应符合下列要求：

1 打桩前，应对施工范围内的原有建筑物、地下管线等进行检查，当有影响时，应采取有效的加固防护措施或隔振措施，施工中应加强观测，确保施工安全。

2 场地四周应按要求设置排水沟。打桩机行走道路应平整、坚实，必要时宜铺设道渣，经压路机碾压密实。

3 打桩前应全面检查机械各个部件及润滑情况，并应进行试运转，发现问题应及时解决，严禁带病作业；打桩机械设备应由专人操作，并经常检查机架部分有无脱焊和螺栓松动现象，观察机械的运转情况，应加强机械的维护保养。

4 打桩机架安设应铺垫平稳、牢固，在打桩过程中遇有地坪隆起或下陷时，应随时对机架及路轨调平或垫平。

5 桩就位时，起吊要慢，并拉住溜绳，防止桩头冲击桩架，撞坏桩身，桩吊立后要加强检查，发现不安全情况，及时处理。

6 打桩时，桩头垫料严禁用手拨正，不得在桩锤未打到桩顶时就起锤或过早刹车，以免损坏桩机设备。

7 压桩过程中，应密切观察反力架螺栓及螺帽，如有松动应及时拧紧；随时观察压力表指针读数，出现异常时，应立即停止加压，并查明原因。

8 现场操作人员要戴安全帽，高空作业佩带安全带，高空检修桩机，不得向下乱丢物件。

9 机械司机在打桩操作时，要精力集中，服从指挥信号，并应经常注意机械运转情况，发现异常情况，立即检查处理，应防止机械倾斜、倾倒，或桩锤不工作、突然下落事故发生。

10 夜间施工，应有足够的照明设施；雷雨天、大风、大雾天，应停止打桩、压桩作业；焊接作业，应采取相应的防护措施。

11 施工作业区域，应设置醒目的安全警示标示，并做临时围挡措施。

12 合理安排打桩作业时间，以免噪声扰民；暑期施工应采取降温措施，冬期施工应采取防寒措施，并应准备齐全相应的劳保用品。

5.2.18 预制桩施工的质量检验标准应符合下列规定：

1 预应力管桩施工的质量检验标准应符合表 5.2.18-1 的规定。

表 5.2.18-1 预应力管桩质量检验标准

项目	序	检查项目		允许偏差或允许值		检查方法
				单位	数值	
主控项目	1	桩体质量检验		按现行行业标准《建筑基桩检测技术规范》JGJ 106		按现行行业标准《建筑基桩检测技术规范》JGJ 106
	2	桩位偏差		见本规程表 5.1.3		用钢尺量
	3	承载力		按现行行业标准《建筑基桩检测技术规范》JGJ 106		按现行行业标准《建筑基桩检测技术规范》JGJ 106
一般项目	1	成品桩质量	外观	无蜂窝、露筋、裂缝、色感均匀、桩顶处无空隙		直接观察
			桩径	mm	±5	用钢尺量
			管壁厚度	mm	±5	
			桩尖中心线	mm	<2	
			顶面平整度	mm	10	用水平尺量
			桩体弯曲		<1/1000L	用钢尺量（L 为桩长）
	2	接桩：焊缝质量 电焊结束后停歇时间 上下节平面偏差 节点弯曲矢高		按现行国家标准《建筑地基基础工程施工质量验收规范》GB 50202		按现行国家标准《建筑地基基础工程施工质量验收规范》GB 50202
				min	>1.0	秒表测定
				mm	<10	用钢尺量
					<1/1000L	用钢尺量（L 为桩长）
	3	停锤标准		设计要求		现场实测或查沉桩记录
	4	桩顶标高		mm	±50	水准仪

2 混凝土预制桩施工的质量检验标准应符合表 5.2.18-2 的规定；

表 5.2.18-2　混凝土预制桩质量检验标准

项	序	检查项目	允许偏差或允许值		检查方法
			单位	数值	
主控项目	1	桩体质量检验	按现行行业标准《建筑基桩检测技术规范》JGJ 106		按现行行业标准《建筑基桩检测技术规范》JGJ 106
	2	桩位偏差	见本规程表 5.1.3		用钢尺量
	3	承载力	按现行行业标准《建筑基桩检测技术规范》JGJ 106		按现行行业标准《建筑基桩检测技术规范》JGJ 106
一般项目	1	砂、石、水泥、钢材等原材料（现场预制时）	符合设计要求		查出厂质保文件或抽样送检
	2	混凝土配合比及强度（现场预制时）	符合设计要求		检查称量及查试块记录
	3	成品桩外形	表面平整，颜色均匀，掉角深度<10 mm，蜂窝面积小于总面积的0.5%		直接观察
	4	成品桩裂缝（收缩裂缝或起吊、装运、堆放引起的裂缝）	深度<20 mm，宽度<0.25 mm，横向裂缝不超过边长的一半		裂缝测定仪，该项在地下水有侵蚀地区及锤击数超过500击的长桩不适用

项	序	检查项目	允许偏差或允许值		检查方法
			单位	数值	
一般项目	5	成品桩尺寸			
		横截面连长	mm	±5	用钢尺量
		桩顶对角线差	mm	<10	用钢尺量（L 为桩长）
		桩尖中心线	mm	<10	
		桩身弯曲矢高		<1/1000L	
		桩顶平整度	mm	<2	用水平尺量
	6	电焊接桩			
		焊缝质量电焊结束后停歇时间	min	>1.0	秒表测定
		上下节平面偏差	mm	<10	用钢尺量
		节点弯曲矢高		<1/1000 L	用钢尺量（L 为两节桩长）
	7	硫磺胶泥接桩			
		胶泥浇筑时间	min	<2	秒表测定
		浇筑后停歇时间	min	>7	
	8	桩顶标高	mm	±50	水准仪
	9	停锤标准	设计要求		现场实测或查沉桩记录

3 静压钢管桩施工的质量检验标准应符合表 5.2.18-3 的规定。

表 5.2.18-3　钢管桩质量检验标准

项	序	检查项目		允许偏差或允许值		检查方法
				单位	数值	
主控项目	1	桩体质量检验		按现行行业标准《建筑基桩检测技术规范》JGJ 106		按现行行业标准《建筑基桩检测技术规范》JGJ 106
	2	桩体垂直度		小于 1/1000		用线锤分节检查
	3	承载力		按现行行业标准《建筑基桩检测技术规范》JGJ 106		按现行行业标准《建筑基桩检测技术规范》JGJ 106
一般项目	1	桩位偏差		符合设计要求		尺子量测
	2	混凝土配合比及强度（填充料）		符合设计要求		检查称量及查试块记录
	3	成品桩外形		表面平整，颜色均匀，无锈蚀		直接观察
	4	电焊接桩焊缝	上下节端部错口（外径≥700 mm）（外径<700 mm）	mm mm	≤3 ≤2	用钢尺量
			焊缝咬边深度	mm	≤0.5	焊缝检查仪
			焊缝加强层高度	mm	≤2	
			焊缝加强层宽度	mm	2	
			焊缝电焊质量外观	无气孔，无焊瘤，无裂缝		直接观察
			焊缝探伤检验	满足设计要求		按设计要求

项	序	检查项目	允许偏差或允许值		检查方法
			单位	数值	
一般项目	5	电焊结束后停歇时间	min	> 1.0	秒表测定
	6	上下节平面偏差	mm	< 10	用钢尺量
	7	节点弯曲矢高		< 1/1000L	用钢尺量（L 为两节桩长）
	8	桩顶标高	mm	± 50	水准仪
	9	停压标准	设计要求		现场实测或查沉桩记录
	10	封桩标准	设计要求		现场检查

5.2.19 预制桩施工的质量记录应包括下列内容：

    1 预应力管桩应包括下列内容：

        1）成品管桩出厂合格证和进场检查记录；

        2）电焊条等原材料合格证和试验报告；

        3）打桩施工记录；

        4）检验批验收记录；

        5）桩身质量和单桩承载力检测报告。

    2 混凝土预制桩应包括下列内容：

        1）预制桩出厂合格证和进场检查记录；

        2）电焊条、硫磺胶泥等原材料合格证和试验报告；

        3）打桩施工记录；

        4）检验批验收记录；

5）桩身质量和单桩承载力检测报告。

    3 静压钢管桩应包括下列内容：

        1）钢管桩出厂合格证和进场检查记录；

        2）电焊条、螺栓等原材料合格证和试验报告；

        3）压桩施工记录；

        4）桩孔填充施工记录；

        5）封桩施工记录；

        6）检验批验收记录；

        7）桩身质量和单桩承载力检测报告。

5.3 灌注桩

I 钻孔灌注桩

5.3.1 钻孔灌注桩适用于地下水位以下的黏性土、粉土、砂土、填土、碎（砾）石土及风化岩层；以及地质情况复杂，夹层多、风化不均、软硬变化较大的岩层，钻孔灌注桩可以施工成嵌岩桩。

5.3.2 钻孔灌注桩施工前应做下列准备：

    1 技术准备包括下列内容：

        1）熟悉岩土工程勘察报告、设计文件；

        2）了解建筑场地和邻近区域内的地下管线（管道、电缆）、地下构筑物、危房、精密仪器车间等情况；

        3）了解主要施工机械及配套设备的技术性能；

        4）编制施工方案和进行技术交底。

    2 材料准备应满足下列要求：

        1）钢筋、水泥、砂、石、水、外加剂等原材料经质量检验合格；

2）预拌混凝土的性能和供应能符合要求；

3）钢筋骨架加工所需原材料已全部进场，并具备成批加工能力；

4）配置泥浆用的黏土或膨润土已进场，泥浆池和排浆槽等地面设施已完成。

3　施工前应准备的主要机具包括：

1）钻孔机具包括潜水钻、回转钻等（参见附录F）；

2）配套机具包括电焊机、切断机、弯曲成型机、排污泵、抽渣筒、小型挖掘机、吊车、装载机、混凝土罐车、混凝土泵、混凝土振捣设备等。

4　施工前应满足下列作业条件：

1）施工平台应坚实稳固，并具备机械、人员操作空间；

2）施工用水、用电接至施工场区，并满足机械及成孔要求；

3）混凝土搅拌站、混凝土运输、混凝土浇筑机械试运转完毕，钢筋进场检验合格，钢筋笼制作完毕，钢筋骨架安放设备满足要求；

4）钢筋笼制作应符合表5.3.2的要求。

表5.3.2　钢筋笼制作允许偏差

项次	项　目	允许偏差/mm
1	主筋间距	±10
2	箍筋间距或螺旋筋螺距	±20
3	钢筋笼直径	±10
4	钢筋笼长度	±50

5）控制钢筋笼保护层厚度的垫块已设置好，垫块应设置在钢筋笼外侧，垫块竖向间距为 2 m，横向圆周上不得少于4处，并均匀布置，钢筋笼顶端应设置吊环；

6）大直径钢筋笼制作完成后，应在内部加强箍上设置十字撑或三角撑，确保钢筋骨架在存放、移动、吊装过程中不变形；

7）测量控制网（高程、坐标点）已建立，桩位放线工作完成，并经复测验收合格。

5.3.3 钻孔灌注桩施工所用材料应符合下列规定：

1 水泥采用普通硅酸盐水泥，水泥强度等级不宜低于32.5 级，水泥进场时应具有出厂合格证，同时应按现行国家标准《水泥取样方法》GB 12573 进行抽样检验，合格后方可使用。

2 粗骨料宜优先选用卵石，如采用碎石宜适当增加混凝土配合比的含砂率，粗骨料的最大粒径应符合下列规定：

1）对水下浇筑的混凝土，不应大于导管内径的 1/6 ～1/8 和钢筋最小净距的 1/4，且应小于 40 mm；

2）对非水下浇筑混凝土，不宜大于 50 mm，并不得大于钢筋最小净距的 1/3；

3）对素混凝土桩不得大于桩径的 1/4，并不宜大于 70 mm。

3 细骨料应采用级配良好的中砂。

4 水质应符合国家现行标准的规定。

5 外加剂的质量应符合国家现行标准的规定，外加剂与水泥应具有相容性。

6 钢筋应具有出厂合格证,进场后应进行抽样检验,合格后方可使用。

5.3.4 钻孔灌注桩施工工艺应按图 5.3.4 执行,并应符合下列规定:

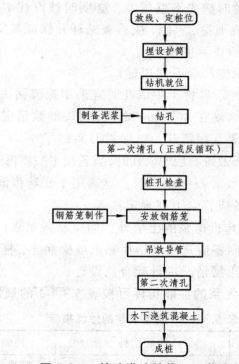

图 5.3.4 钻孔灌注桩施工工艺流程

1 钻机就位前在桩位埋设钢护筒,护筒设置应符合下列规定:

1)钢板护筒的钢板厚度宜为 4 mm ~ 8 mm,护筒内径应比钻头直径大 200 mm,护筒上部宜开设 1 ~ 2 个溢流孔。

2)护筒埋深在黏土中不宜小于 1.0 m,在砂土中不宜小于 1.5 m；受水位涨落影响或水下施工的冲孔灌注桩，护筒应加高加深，必要时应打入不透水层。

3）护筒埋设应准确、稳定，护筒中心与桩位中心的偏差不得大于 50 mm；同时应挖好泥浆池、排浆槽。

2 钻机就位时应先平整场地，必要时铺设枕木并用水平尺校正，保证钻机平稳、牢固，应检查钻杆并保证其安装正确，要对钻机导杆进行垂直度校正。

3 钻头选用应符合下列规定：

1）在黏土、砂性土中成孔时宜采用疏齿钻头，翼板的角度根据土层的软硬在 30°～60°之间，刀头的数量根据土层的软硬布置，注意要互相错开，以保护刀架；

2）在卵石及砾石层中成孔时，宜选用平底楔齿滚刀钻头；

3）在较硬岩石中成孔时，宜选用平底球齿滚刀钻头。

4 泥浆制备应符合下列规定：

1）除能自行造浆的土层外，均应制备泥浆；

2）泥浆制备应选用高塑性黏土或膨润土，拌制泥浆应根据工艺和穿越土层情况进行配合比设计；

3）制备泥浆的性能指标可按表 5.3.4-1 的规定；

表 5.3.4-1　制备泥浆的性能指标

项次	项　目	性能指标		检验方法
1	比重	1.10～1.15		泥浆比重计
2	黏度	黏性土	18 s～25 s	漏斗法
		砂土	25 s～30 s	
3	含砂率	＜6%		
4	胶体率	＞95%		量杯法

项次	项 目	性能指标	检验方法
5	失水量	< 30 mL/30 min	失水量仪
6	泥皮厚度	1 mm/30 min ~ 3 mm/30 min	失水量仪
7	静切力	1 min：20 mg/cm^2 ~ 30 mg/cm^2 10 min：50 mg/cm^2 ~ 100 mg/cm^2	静切力计
8	pH	7 ~ 9	pH 试纸

4）成孔时应根据土层情况调整泥浆指标，排出孔口的循环泥浆的性能指标应符合表 5.3.4-2 的规定。

表 5.3.4-2　循环泥浆的性能指标

项次	项 目		性能指标		检验方法
1	比重	黏性土	1.1 ~ 1.2		泥浆比重计
		砂土	1.1 ~ 1.3		
		砂夹卵石	1.2 ~ 1.4		
2	黏度		黏性土	18 s ~ 30 s	漏斗法
			砂土	25 s ~ 35 s	
3	含砂率		< 8%		洗砂瓶
4	胶体率		> 90%		量杯法

5 潜水钻机适用于小直径桩、较软弱土层，在卵石、砾石及硬质岩层中成孔困难，成孔时应注意钻进速度，采用减压钻进，并在钻头上设置长度不小于 3 倍直径的导向装置，保证成孔的垂直度，并可根据土层变化调整泥浆的相对密度和黏度。

6 回转钻机适用于各种直径、各种土层的钻孔桩，成孔时应注意控制钻进速度，采用减压钻进，保证成孔的垂直度，亦可根据土层变化调整泥浆的相对密度和黏度。回转钻机成孔应符合下列规定：

1）在黏土、砂性土中成孔时，宜采用疏齿钻头，翼板的角度根据土层的软硬在 30°~60°之间，刀头的数量根据土层的软硬布置，注意要相互错开，以保护刀架；在卵石及砾石中成孔时，宜选用平底楔齿滚刀钻头；在较硬岩石中成孔时，宜选用平底球齿滚刀钻头。

2）深度 30 m 以内的桩采用正循环成孔，深度 30 m~50 m 的桩宜采用砂石泵反循环成孔，深度 50 m 以上的桩宜采用气举反循环成孔。

3）对于土层倾斜角度较大，孔深大于 50 m 的桩，在钻头、钻杆上应增加导向装置，保证成孔垂直度。

4）在淤泥、砂性土中钻进时，宜适当增加泥浆的相对密度；在密实的黏土中钻进时可采用清水钻进；在卵石、砾石中钻进时应加大泥浆的相对密度，提高携渣能力。如发生坍塌现象，应探明坍塌位置，可用砂、黏土混合物填至坍塌处以上，再钻进。

5）在卵石、砾石及岩层中成孔时，应增加钻具的重量。

6 在松软土层中钻进，应根据泥浆补给情况控制钻进速度；在硬土层或岩层中的钻进速度，以钻机不发生跳动为准；在有倾斜度的软硬土交界处钻进时，应吊住钻杆，控制钻进速度并以低速钻进，或在斜面处填入片石或卵石，以冲击锥将斜面冲平后再钻进，发生偏斜时在偏斜处吊住钻杆上下反复扫孔，将孔校直，或在偏斜处回填砂粘混合土，待沉实后再钻进。

加压时靠钻具自重调整吊绳进行，一般土层，不超过 10 kN；基岩中钻进，为 15 kN ~ 25 kN。

7 钻机转速应根据钻头形式、土层情况、扭矩及钻头切削具磨损情况进行调整，硬质合金钢钻头的转速宜为为 40 r/min ~ 80 r/min，钢粒钻头的转速宜为 50 r/min ~ 120 r/min，牙轮钻头的转速宜为 60 r/min ~ 180 r/min。

8 桩孔钻进至设计深度后，进行第一次清孔，在放入钢筋笼和导管后、浇筑混凝土之前进行第二次清孔，清孔后测量孔径和沉渣厚度，直至孔内沉渣厚度和泥浆比重符合要求。当孔内的泥浆相对密度小于 1.20、含砂率不大于 8%、黏度不大于 28 s、孔底沉渣厚度（端承桩不大于 50 mm，摩擦端承、端承摩擦桩不大于 100 mm，摩擦桩不大于 150 mm）符合要求时方可浇筑混凝土。

9 吊入钢筋笼应符合下列规定：

1）钢筋笼应用吊车吊入，小口径桩无吊车时可采用钻机钻架、灌注桩塔架等，钢筋笼入孔应按其编号进行；

2）搬运和吊装钢筋笼应防止变形，安放要对准孔位中心，应避免碰撞孔壁。严禁钢筋笼发生扭转，就位后应立即固定，其位置符合设计及规范要求，并保证在安放导管、清孔及浇筑混凝土过程中不发生位移。

10 水下混凝土的配合比应符合下列规定：

1）水下混凝土应具备良好的和易性，配合比应通过试验确定，混凝土坍落度宜为 180 mm ~ 220 mm，水泥用量不少于 360 kg/m³；

2）水下混凝土的含砂率宜为 40% ~ 45%，并宜选用中粗砂，粗骨料的最大粒径应小于 40 mm；

3）为改善和易性和缓凝，水下混凝土宜掺外加剂。

11 导管的构造和使用应符合下列规定：

1）导管壁厚不宜小于 3 mm，直径宜为 200 mm～250 mm；直径制作偏差不应超过 2 mm，导管的分节长度视工艺要求确定，底管长度不宜小于 4 m，接头宜用法兰或螺纹接头；标准节一般为 2 m～3 m，在上部可放置 2～3 根 0.5 m～1.0 m 的短节，用于调节导管的总长度。

2）导管提升时，不得挂住钢筋笼，可设置防护三角形加劲板或设置锥形法兰护罩。

3）导管使用前应试拼装、试压，试水压力为 0.6 MPa～1.0 MPa。

4）隔水栓一般采用预制混凝土球塞。如采用球胆或木球作隔水栓，应确保在浇筑混凝土时球胆或木球能顺利排出。

5）开始浇筑混凝土时，为使隔水栓能顺利排出，导管底部至孔底的距离宜为 300 mm～500 mm，桩直径小于 600 mm 时可适当加大导管底部至孔底距离。

6）混凝土应有足够的储备量，使导管一次埋入混凝土面以下 0.8 m 以上，严禁导管提出混凝土面。

7）应有专人测量导管埋深及管内外混凝土面的高差，必要时绘制混凝土浇筑曲线，填写水下混凝土浇筑记录，对浇筑过程中的一切故障均应记录备案。

12 水下混凝土应连续施工，每根桩的浇筑时间按初盘混凝土的初凝时间控制。在混凝土浇筑将近结束时，应核对混凝土的灌入数量。混凝土浇筑充盈系数应大于 1，一般土质为 1.1，软土、松散土为 1.2～1.3。

13 浇筑后的桩顶标高应比设计高出一定高度，一般为

0.5 m～1.0 m。凿除桩顶浮浆后，应保证暴露的桩顶混凝土达到设计强度。

5.3.5 钻孔灌注桩施工的质量控制要点：

   1 施工前应对水泥、砂、石子、钢材等原材料进行检查，对施工方案中制定的施工顺序、监测手段（包括仪器、方法）也应检查；

   2 施工中应对成孔、清渣、放置钢筋笼、浇筑混凝土等进行全过程检查；

   3 核对混凝土灌入量，详细记录施工全过程；

   4 嵌岩桩应有桩端持力层的岩性报告；

   5 施工结束后，应检查混凝土强度，并应做桩体质量及承载力检验。

Ⅱ 冲孔灌注桩

5.3.6 冲击成孔灌注桩除适应泥浆护壁钻孔灌注桩的地质情况外，还能穿透旧基础、大孤石等障碍物，但在岩溶发育地区应慎重适用。

5.3.7 冲击成孔灌注桩施工前应做下列准备：

   1 技术准备应按本规程第5.3.2条的规定执行。

   2 材料准备按本规程第5.3.2条的相关规定执行。

   3 施工前应准备的主要机具包括：

     1）冲孔设备包括冲抓钻、冲击钻等（参见附录F）；

     2）按本规程第5.3.2条的相关规定执行。

   4 施工前应满足的作业条件按本规程第5.3.2条的规定执行。

5.3.8 冲击成孔灌注桩对所用材料的规定按本规程第 5.3.3 条的规定执行。

5.3.9 冲击成孔灌注桩施工工艺应按图 5.3.9 执行,并应符合下列规定:

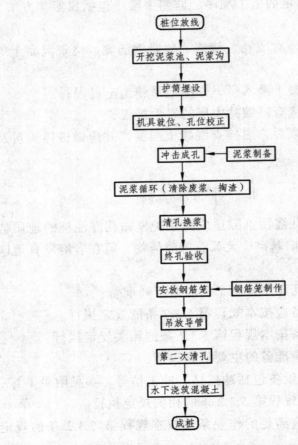

图 5.3.9 冲击成孔灌注桩施工工艺流程

1 护筒埋设置应按本规程第 5.3.4 条的相关规定执行。

2 冲击钻就位应对准护筒中心，要求偏差不大于 ± 20 mm。

3 冲击造孔时在钻头锥顶和提升钢丝绳之间应设置保证钻头自转向的装置，以防产生梅花孔，冲击钻机成孔应符合下列规定：

1） 开孔时应低锤密击，表土为淤泥、细砂等软弱土层时，可加黏土块夹小石片反复冲击土壁。

2） 在护筒刃脚以下 2 m 以内成孔时，采用小冲程 1 m 左右，提高泥浆相对密度，软弱层可加黏土块夹小石片。

3） 在砂性土、砂层中成孔时，采用中冲程 2 m～3 m，可向孔内投入黏土；在密实的黏土层中成孔时，采用小冲程 1 m～2 m，泵入清水和稀泥浆，防粘钻可投入碎石和砖块；在砂卵石中成孔时，采用中高冲程 2 m～4 m，可投入黏土；在软弱土层或塌孔回填重钻时，采用小冲程 1 m 左右，加黏土块夹小石片反复冲击。

4） 遇到孤石时，可采用预爆或高低冲程交替冲击，将孤石挤入孔壁。

5） 每钻进 4 m～5 m 深度验孔一次，在更换钻头前或容易缩孔处，均应验孔。

6） 成孔进入岩层时，桩端持力层应按每 100 mm～300 mm 清孔取样，非桩端持力层应按每 300 mm～500 mm 清孔取样。

7） 冲孔中遇到斜孔、弯孔、梅花孔、塌孔，护筒周围冒浆等情况时，应停止施工，采取措施后再行施工。

8） 大直径桩孔可分级成孔，第一级成孔直径为设计桩径的 0.6～0.8 倍，在冲击成孔过程中应采取有效的技术措施，以防扰动孔壁造成塌孔、扩孔、卡钻和掉钻。

    4 施工期间护筒内的泥浆面应高出地下水位 1.0 m 以上，在受水位涨落影响时，泥浆面应高出最高水位 1.5 m 以上；冲孔时应随时测定和控制泥浆的密度。

    5 成孔后，应用测绳下挂重锤测量检查孔深，核对无误后，进行清孔，可使用底部带活门的钢抽渣筒，反复掏渣，将孔底淤泥、沉渣清除干净。密度大的泥浆借助水泵用清水置换，使密度控制在 1.15～1.25 之间。浇筑混凝土前，孔内的泥浆相对密度应小于 1.25，含砂率不大于 8%，黏度不大于 28 s。孔底沉渣厚度应符合本规程第 5.3.32 条的规定。

    6 清孔后立即放入钢筋笼，并采取措施防止上浮。

5.3.10 冲孔灌注桩施工的质量控制要点应按本规程第 5.3.5 条的相关规定执行。

Ⅲ 旋挖成孔灌注桩

5.3.11 旋挖成孔灌注桩适用于填土、黏性土、粉土、淤泥质土、砂土、卵（漂）石土及全风化～中风化岩石，根据现有的施工经验，在厚度大于 0.5 m 的淤泥质土及砂土中采用旋挖成孔时，需采取护筒进行护壁。

5.3.12 旋挖成孔灌注桩施工前应做下列准备：

    1 技术准备应按本规程第 5.3.2 条的规定执行。

    2 材料准备按本规程第 5.3.2 条的相关规定执行。

    3 施工前应准备的主要机具包括：

        1）旋挖机（参见附录 F）；

        2）按本规程第 5.3.2 条的相关规定执行。

4 施工前应满足的作业条件按本规程第 5.3.2 条的规定执行。

5.3.13 旋挖成孔灌注桩对所用材料的规定按本规程第 5.3.3 条的规定执行。

5.3.14 湿作业泥浆护壁成孔成桩施工工艺按图 5.3.14 执行，并应符合下列规定：

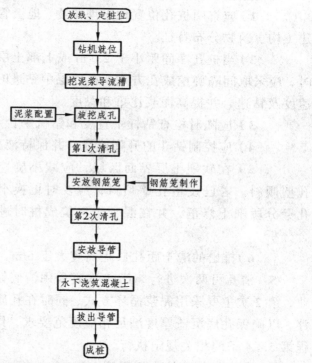

图 5.3.14 湿作业泥浆护壁成孔成桩施工工艺流程图

1 钻机就位前，应先平整场地，必要时需铺设钢板或枕木，保证钻机平稳，并保证钻杆安装正确，钻机垂直度偏差，应控制在 1% 以内。

2 导流槽的设置，应保证不影响下步工序施工，并保持距离旋挖钻机一定安全距离。

3 除能够自行造浆的土层外，均应专门配制泥浆，泥浆的性能指标，可参照表 5.3.4-1、5.3.4-2。

4 旋挖成孔应符合下列规定：

1） 应查明桩孔位置地下埋藏物、地上管线及周围其他建（构）筑物分布特征。

2） 当桩孔净间距小于 2.0 m 或上部土层极度松散软弱时，应采取间隔旋挖成孔方式。在砂层中钻进时，宜降低钻进速度及钻速，并提高泥浆比重和黏度。

3） 应随时检查钻杆垂直度和钻机平台水平度。

4） 应控制钻斗的升降速度，并保持液面平稳。

5） 在软硬土层界面区域，应减小旋挖进尺，以防止孔壁倾斜。若已发生孔壁倾斜，应及时更换小口径钻头进行孔壁分段削土修正，并在混凝土浇筑成桩时进行充溢系数综合分析。

6） 排出的渣土距孔口距离应大于 6 m，并应及时清除。

5 清孔可两次进行，第 1 次宜采用清底钻头进行清渣作业，第 2 次主要采用泥浆循环方式，同时在孔底辅助高风压悬浮，以确保孔底沉渣厚度满足相应规范要求，具体要求按本规程第 5.3.4 条的相关规定执行。

6 吊放钢筋笼按本规程第 5.3.4 条的相关规定执行。

7 水下混凝土浇筑按本规程第 5.3.4 条的相关规定执行。排出的泥浆需及时沉淀和组织合理有效排放，不得影响周边环境以及下步工序施工。

5.3.15 湿作业钢护筒护壁成孔成桩施工工艺按图 5.3.15 执

行，并应符合下列规定：

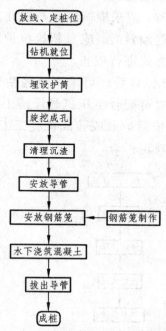

图 5.3.15　湿作业钢护筒护壁成孔成桩施工工艺流程图

1　采用专用振动机械，将钢制护筒下沉至土层需护壁深度。施工前，应查明桩孔位置地下埋藏物、地上管线及周围其他建（构）筑物分布特性，当钢护筒单段长度不够时，可焊接接长，接长时应保证不歪斜；钢护筒击入土层时，应将垂直度偏差控制在 1%以内，当局部由于土层变化而使护筒无法同步下沉时，可先在护筒内取土再下沉护筒。

2　用旋挖钻头在钢护筒内自上而下分段取土，取土时，应尽量使钻具不碰撞钢护筒，应随时检查钻杆垂直度和钻机平台水平度以保证孔壁垂直度。当桩孔净间距小于 2.0 m 或上部土层极度松散软弱时，应采取间隔旋挖成孔方式；当由于护筒及地层原因造成孔壁倾斜时，应重新校核护筒，并采取逐步削土逐步击入护筒等方式进行校正。

3 成孔至设计标高后，可采用清底钻头，逐次清理孔底浮土及沉渣，必要时可配合空压机悬浮清土。

5.3.16 干作业钢护筒护壁成孔成桩施工工艺按图 5.3.16 执行，并应符合下列规定：

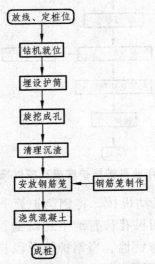

图 5.3.16　干作业钢护筒护壁成孔成桩施工工艺流程图

1 采用专用振动机械，将钢制护筒下沉至土层需护壁深度。钢护筒下沉时，在砂层及其他摩阻力较大土层区域，宜采用沿护筒壁加水措施，以减小护筒下沉的摩擦，同时控制好垂直度。

2 用旋挖钻头在钢护筒内自上而下分段取土，取土时，应使钻具尽量不碰撞钢护筒，以保证孔壁垂直度。当桩孔净间距小于 2.0 m 或上部土层极度松散软弱时，应采取间隔旋挖成孔方式。

3 成孔至设计标高后，可采用清底钻头，逐次清理孔底浮土及沉渣。

4 浇筑混凝土时应控制好钢护筒内混凝土的上升速度，同时同步提升钢护筒，混凝土浇筑面以高于钢护筒底面 1.5 m 为宜。

5.3.17 干作业无护壁成孔成桩工艺按图 5.3.17 执行，并应符合下列规定：

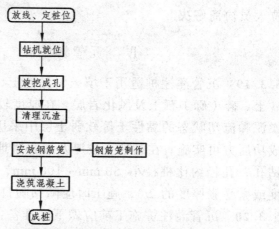

图 5.3.17　干作业无护壁成孔成桩施工工艺流程

1 采用旋挖钻头在孔位处自上而下分段取土，取土时，应尽量使钻具不碰撞自然孔壁，应保证孔壁不掉块及坍塌。当桩孔净间距小于 2.0 m 或上部土层极度松散软弱时，应采取间隔旋挖成孔方式；当发生孔壁局部坍塌，可在桩孔位置采用素土夯击或注浆；当由于地质条件变化造成孔壁大面积坍塌，应采取一定护壁措施，确保成孔安全。

    2 成孔至设计标高后，可采用清底钻头，逐次清理孔底浮土及沉渣。

    3 浇筑混凝土时应控制混凝土的浇筑速度，应尽量减少对孔底的冲击。使用串筒时，串筒可埋入混凝土内一定深度，以减少混凝土浇筑对孔壁的影响。

5.3.18 旋挖成孔灌注桩施工的质量控制要点：

    1 按本规程第 5.3.5 条的相关规定执行；

    2 发现有断桩及缩径桩等异常情况，应及时会同相关单位人员协商解决。

Ⅳ 沉管灌注桩

5.3.19 沉管灌注桩适用于填土、黏性土、粉土、淤泥质土、砂土、碎（砾）石土及风化岩层。在厚度较大、灵敏度较高的淤泥和流塑状态的黏性土等软弱土层中采用时，需经工艺试验成功后方可实施；在黏性土较厚及微膨胀地区使用时，应先预钻孔，孔径约比桩径小 50 mm～100 mm，深度宜为黏性土厚度或微膨胀厚度的 2/3，施工时应随钻随打。

5.3.20 沉管灌注桩施工前应做下列准备：

    1 技术准备应按本规程第 5.3.2 条的规定执行。

    2 主要材料准备按本规程第 5.3.2 条的规定执行。

    3 施工前应准备的主要机具包括：

        1）成孔设备包括振动（冲击）打桩机、落锤打桩机等；

2）按本规程第 5.3.2 条的相关规定执行。

4 施工前应满足的作业条件按本规程第 5.3.2 条的规定执行。

5.3.21 沉管灌注桩对所用材料的规定按本规程第 5.3.3 条的规定执行。

5.3.22 振动（冲击）沉管灌注桩施工工艺应按图 5.3.22 执行，并应符合下列规定：

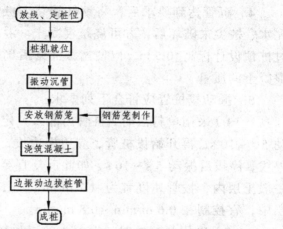

图 5.3.22 振动（冲击）沉管灌注桩施工工艺流程

1 打桩前应通过轴线控制点，逐个定出桩位，打设钢筋标桩，并用白灰画上一个圆心与标桩重合、直径与桩管相等的圆圈，以方便插入桩管对中，保持桩位正确。

2 桩架就位后应平整、稳固，确保在工作时不发生倾斜、移动，桩架和桩管的垂直度偏差，不得超过 1%；桩管应垂直套入预埋的桩尖上，桩管与桩尖的轴线应一致；预埋设的桩尖位置应与设计位置相符，其埋入深度以其台肩高出地面 20 mm 为宜。

3 在沉管过程中，应在桩管内灌入 1 m 左右的封底混凝土，桩进入持力层后，应严格控制最后 30 s 的电流、电压值（其值按单桩设计承载力的要求，由有关人员根据试桩和当地经验确定）。当最后 30 s 的电流、电压值达到要求，而桩尖标高与设计要求相差甚大时，应继续沉管，直至最后 30 s 的桩管贯入度符合试桩值。沉管施工时宜采用跳打法。

4 沉管达到要求后，将钢筋笼装入桩管内，检查管内无泥水、桩尖未破坏后，方可浇筑混凝土。混凝土浇筑高度应超过桩顶设计标高 0.5 m，以便凿去浮浆后确保桩顶设计标高及混凝土的质量。

5 振动拔桩管应符合下列要求：

1）采用单打法时，桩管内灌入一定量混凝土后，先振动 5 s～10 s，再开始拔桩管，应边振边拔，每拔 0.5 m～1.0 m 停拔，停拔后振动 5 s～10 s，如此反复直至桩管全部拔出。在一般土层内，拔管速度宜为 1.2 m/min～1.5 m/min；在软弱土层中，宜控制在 0.6 m/min～0.8 m/min。

2）采用复打法时，混凝土的充盈系数不得小于 1.0；对于混凝土充盈系数小于 1.0 的桩，宜全长复打，对可能有断桩和缩颈桩，应采用局部复打。成桩后的桩身混凝土顶面标高应不低于设计标高 500 mm，全长复打桩的入土深度宜接近原桩长，局部复打应超过断桩或缩颈区 1 m 以上。复打前，第一次浇筑混凝土应达到自然地面，复打施工应在第一次浇筑的混凝土初凝之前完成，应随拔管随清除粘在管壁上和散落在地面上的泥土，同时前后两次沉管的轴线应重合。

3）采用反插法时，桩管内灌入一定量混凝土后，先振动再拔管，每提升 0.5 m～1.0 m，再把桩管下沉 0.3 m～0.5 m，在拔管过程中分段添加混凝土，使管内混凝土面始终不低于地表面，或高于地下水位 1.0 m～1.5 m 以上，拔管速度应小于 0.5 m/min。在桩尖的 1.5 m 范围内，宜多次反插以扩大端部截面，穿过淤泥夹层时，应当放慢拔管速度，并减少拔管高度和反插深度，在流动性淤泥内不宜使用反插法。

5.3.23 锤击沉管灌注桩的施工工艺按图 5.3.23 执行，并应符合下列规定：

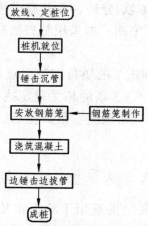

图 5.3.23　锤击沉管灌注桩施工工艺流程

1　在沉管过程中，若地下水有可能进入桩管内，应先在桩管内灌入 1 m 左右的封底混凝土，桩管方能进入地下水位。

2　沉管全过程应有专职记录员做好施工记录，每根桩的施工记录应包括每米的锤击数和最后一米的锤击数。对摩擦桩以控制桩达到设计标高为主，贯入度为参考；对端承桩应准确测量最后三阵（每阵十锤）的贯入度及落锤高度。

3　应在沉管达到设计标高后从管内插入钢筋笼，如为短钢筋笼，则在混凝土浇筑至钢筋笼底标高时，从管内插入。

4 沉管至设计标高后，应立即浇筑混凝土，浇筑混凝土前，应检查桩管内有无吞桩尖或进泥、进水现象，混凝土浇筑应连续进行。

5 拔管时拔管速度应均匀，对一般土可控制在不大于 1 m/min；在软弱土层中的软硬土层交界处宜控制在 0.3 m/min ~ 0.8 m/min。采用倒打拔管时，自由落锤轻击（小落距锤击）的打击次数不得少于 40 次/分钟，在管底未拔至桩顶设计标高之前，倒打和轻击不得中断；如采用复打法应同振动（冲击）沉管灌注桩施工。

5.3.24 沉管灌注桩施工的质量控制要点：

1 按本规程第 5.3.5 条的相关规定执行；

2 发现有断桩、缩颈桩、吊脚桩后，应及时会同有关人员协商处理。

V 人工挖孔灌注桩

5.3.25 人工挖孔灌注桩适用于地下水位以上的黏性土、粉土、填土、中密以上的砂土、碎石类土及风化岩层，人工挖孔灌注桩可以施工成嵌岩桩。

5.3.26 人工挖孔灌注桩施工前应做下列准备：

1 技术准备应按本规程第 5.3.2 条的规定执行。

2 主要材料准备按本规程第 5.3.2 条的相关规定执行。

3 施工前应准备的主要机具包括：

1） 成孔机具包括三角架、手动葫芦或电动葫芦、手推车或翻斗车、镐、锹、线坠、定滑轮组、导向滑轮组、吊桶、

粗麻绳、安全活动盖板、防水照明灯、通风及供氧设备、水泵、活动爬梯等;

2）按本规程第 5.3.2 条的相关规定执行。

　　4　施工前应满足的作业条件按本规程第 5.3.2 条的规定执行。

5.3.27　人工挖孔灌注桩对所用材料的规定按本规程第 5.3.3 条的规定执行。

5.3.28　人工挖孔灌注桩的施工工艺应按图 5.3.28 执行,施工中应按下列步骤:

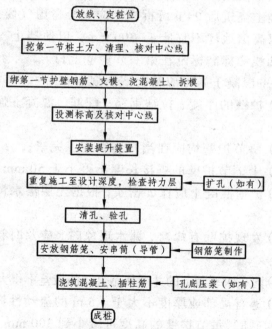

图 5.3.28　人工挖孔灌注桩施工工艺流程

　　1　放线定桩位。先依据基础施工图放线定好桩位中心,然后以桩身半径加护壁厚度为半径画出上部（即第一节）的圆周，桩位线定好后应经有关部门复查后方可进入后续工序施工。

2 挖第一节桩土方、清理、核对中心线。开挖桩孔应从上到下分段进行，根据土质条件确定，每节高度宜为 1.0 m，开挖范围为桩径加护壁厚度。每挖完一节，应根据桩孔口上的轴线吊直、修边、使孔壁圆弧保持上下顺直一致。

3 绑第一节护壁钢筋、支模板、浇混凝土、拆模。挖土后应立即按设计要求绑钢筋、支模。模板可拆上节、支下节重复周转使用，模板上口应留出高度 100 mm 的混凝土浇筑口，一般在混凝土浇筑后 24 h 可拆模（应充分考虑气候条件）。第一节护壁以高出地坪不宜低于 300 mm，以便挡土、挡水，并应将桩位轴线和标高标定在第一节护壁上口。

4 护壁混凝土施工应符合下列规定：

1）护壁的厚度、拉结钢筋、配筋、混凝土强度均应符合设计要求；

2）每节护壁均应在当日连续施工完毕；

3）上下节护壁的搭接长度不得小于 50 mm；

4）护壁混凝土应保证密实，根据土层渗水情况使用速凝剂；

5）发现护壁有蜂窝、漏水现象时，应及时补强以防造成事故；

6）同一水平面上的井圈任意直径的极差不得大于 50 mm；

7）遇有局部或厚度不大于 1.5 m 的流动性淤泥和可能出现涌土涌砂时，每节护壁的高度可减小到 300 mm～500 mm，并随挖、随验、随浇筑混凝土；亦可采用钢护筒护壁或采取有效的降水措施。

5 第二次投测标高及核对中心线。检查桩孔的垂直度和中心线偏差，使控制在允许偏差范围内，同时也应保证标高、截面尺寸满足设计要求。

6 安装提升设备。根据施工需要和各施工单位的设备条件，架设垂直运输架，安装提土装置。

7 重复施工至设计深度，检查持力层、清孔。从第二节开始，利用提土设备运土，应防止卸土时土块、石块等杂物落入孔内伤人。挖土过程中，应随时检查桩孔的垂直度和中心线偏差，随时修正，保证成孔质量；桩孔挖至设计深度时，孔底不应积水，成孔后应清理护壁上的淤泥和清除孔底虚土残渣，检查土质情况，桩底应支承在设计所规定的持力层上。

8 扩孔。桩底部分可分为扩底和不扩底两种情况，挖扩底桩应先将扩底部分桩身的圆柱体挖好，再按设计扩底部位的尺寸和形状自上而下削土。

9 验桩孔。成孔以后应对桩身直径、扩大头尺寸、孔底标高、桩位中线、井壁垂直度、虚土厚度进行全面测定，检查合格并按规定程序办理了隐蔽验收手续后，应立即封底和浇筑桩身混凝土。

10 安放钢筋笼。钢筋笼应按设计要求制作，运输和吊装时应防止变形，吊放钢筋笼时，要对准孔位，缓慢下沉，避免碰撞孔壁，吊放至设计位置后，应立即固定。

11 浇筑桩身混凝土。当需要水下浇筑时应执行水下浇筑混凝土的相关规定，混凝土浇筑到桩顶时应适当超过桩顶设计标高，桩顶处的柱插筋应保证其位置正确和垂直。

12 当需要孔底压浆时应执行本规程第 5.4.12 ~ 5.4.18 的相关规定。

5.3.29 人工挖孔灌注桩施工的质量控制要点：

1 按本规程第 5.3.5 条的规定执行；

2 检验孔底持力层，嵌岩桩必须有桩端持力层的岩性报告；

3 冬期施工混凝土时应按冬期施工方案进行，夏季施工气温高于 30 ℃ 时应采取缓凝措施；

4 雨天不宜进行人工挖孔桩施工，必须施工时，应采取措施严防地面水流入桩孔内。

5.3.30 灌注桩施工对成品的保护应包括下列措施：

1 钢筋笼制作、运输和安装过程中，应采取防止变形措施。放入桩孔时，应绑好保护层垫块或垫板，钢筋笼吊入桩孔时，应防止碰撞孔壁。

2 安装和移动钻机、运输钢筋笼以及浇筑混凝土时，均应注意保护好现场的轴线控制桩和水准基准点。

3 桩距小于 3.5D（D 为桩径）的灌注桩应采取跳打法施工。

4 在开挖基础土方时，应注意保护好桩头，防止挖土机械碰撞桩头，造成断桩或倾斜。桩头预留的钢筋，应妥善保护，不得任意弯折或压断。

5 凿除桩头浮浆及多余桩段至桩顶设计标高，应用錾子及手锤，确保桩头完好。

6 冬期施工时，桩顶混凝土未达到受冻临界强度前应采取适当的保温措施，以防止受冻。

5.3.31 灌注桩施工的安全、环保及职业健康措施应符合下列要求：

1 在冲击成孔和各种工艺沉管灌注桩施工前，认真查清邻近建（构）筑物情况，采取有效的防震安全措施，以避免成孔施工时，损坏邻近建（构）筑物。

2 成孔机械应安放平稳，防止成孔作业时突然倾倒，造成人员伤亡或机器设备损坏。

3 旋挖钻机回转半径内，应清除障碍物，作业半径内严禁人员停留或通过，施工人员必须正确配戴安全帽，非施工人员不得进入施工现场。

4 桩孔形成后，在未浇筑混凝土之前，应用盖板封严，以免土掉入或发生人身安全事故。

5 随时检查电缆，如有破损应立即处理，以免造成漏电事故，下班时应断开电源；应定期检查钢丝绳、钻盘及卡环等的安全状态。

6 混凝土浇筑时，装、拆导管人员应注意防止扳手、螺丝掉入桩孔内。拆卸导管时，其上空不得进行其他作业，导管提升后继续浇筑混凝土前，应检查其是否垫稳或挂牢。

7 人工挖孔桩施工尚应采取下列安全措施：

1）孔内应设置应急软爬梯，供人员上下井，使用的电葫芦、吊笼等应安全可靠并配有自动卡紧保险装置，不得使用麻绳和尼龙绳吊挂或脚踏井壁边缘上下，电葫芦宜用按钮式开关，使用前应检验其安全起吊能力；

2）每日开工前应检测孔内是否有有毒有害气体，并应有足够的安全防护措施，桩孔开挖深度超过 10 m 时，应有专门向井下送风的设备，风量不宜小于 25 L/s；

3）孔口四周应设置安全护栏，高度以 1.2 m 为宜；

4）挖出的土石方应及时运离孔口，不得堆放在孔口四周 1 m 范围内，机动车辆的通行不得对井壁的安全造成影响；

5）施工现场应遵守现行行业标准《施工现场临时用电安全技术规范》JGJ 46 的规定；

6）操作时应轮换作业，桩孔上人员应密切观察桩孔下人员的情况，相互呼应，切实预防安全事故发生；

7）当有地下水时，应采取排水和降水措施。

8 施工中应做好防尘措施，施工区域应设置醒目的警示标志。

9 施工过程中的环境保护应符合现行行业标准《建设工程施工现场环境与卫生标准》JGJ 146 的有关规定。

10 有振动的施工机械作业应合理安排作业时间，尽量减少对周边的影响。

11 施工期间应严格控制噪声，并符合现行国家标准《建筑施工场界环境噪声排放标准》GB 12523 的规定。

12 施工现场应设置排水系统，现场泥浆应有组织地排放至泥浆池或沉淀池内，经沉淀过滤达到标准后，方可排入市政排水管网。运送泥浆和废弃物时应使用封闭罐车，并运到指定地点，以免造成环境污染。

13 暑期施工应采取降温措施，冬期施工应采取防寒措施，还应准备齐全相应的劳保用品。

5.3.32 灌注桩施工的质量检验标准应符合表 5.3.32-1、表 5.3.32-2 的规定。

表 5.3.32-1　混凝土灌注桩钢筋笼质量检验标准

项	序	检查项目	允许偏差或允许值/mm	检查方法
主控项目	1	主筋间距	±10	用钢尺量
	2	钢筋骨架长度	±50	用钢尺量
一般项目	1	钢筋材质检验	设计要求	抽样送检
	2	箍筋间距	±20	用钢尺量
	3	直径	±10	用钢尺量

表 5.3.32-2　混凝土灌注桩质量标准

项	序	检查项目	允许偏差或允许值		检查方法
			单位	数值	
主控项目	1	桩位	见本规程表 5.1.4		基坑开挖前量护筒，开挖后量桩中心
	2	孔深	mm	+300	只深不浅，用垂锤测，或测钻杆、套管长度，嵌岩桩应确保进入设计要求的嵌岩深度
	3	桩体质量检验	按现行行业标准《建筑基桩检测技术规范》JGJ 106		按现行行业标准《建筑基桩检测技术规范》JGJ 106。如钻芯取样，大直径嵌岩桩应钻至桩尖下 500 mm
	4	混凝土强度	设计要求		试件报告或钻芯取样送检
	5	承载力	按现行行业标准《建筑基桩检测技术规范》JGJ 106		按现行行业标准《建筑基桩检测技术规范》JGJ 106
一般项目	1	垂直度	见本规程表 5.1.4		测套管或钻杆，或用超声波探测
	2	桩径	见本规程表 5.1.4		井径仪或超声波检测
	3	泥浆比重（黏土或砂性土中）	1.15 ~ 1.2		用比重计测，清孔后在距孔底 500 mm 处取样
	4	泥浆标高（高于地下水位）	m	0.5 ~ 1.0	目测

项	序	检查项目		允许偏差或允许值		检查方法
				单位	数值	
一般项目	5	沉渣厚度	端承桩	mm	≤50	用沉渣仪或重锤测量
			摩擦桩		≤100	
			抗拔、抗水平荷载桩		≤150	
	6	混凝土坍落度	水下灌注	mm	160~220	坍落度仪
			干施工		70~100	
	7	钢筋笼安装深度		mm	±100	用钢尺量
	8	混凝土充盈系数			>1	检查每根桩的实际灌注量
	9	桩顶标高		mm	+30, -50	水准仪,需扣除桩顶浮浆层及劣质桩体

5.3.33 灌注桩施工的质量记录应包括下列内容:

1 原材料合格证和试验报告;

2 混凝土配合比通知单;

3 混凝土强度试验报告;

4 钢筋笼质量检查记录;

5 成孔质量检查记录(包括孔深、垂直度、沉渣厚度等);

6 桩体质量检验报告;

7 桩的承载力检验报告;

8 检验批质量验收记录。

5.4 桩端处理

Ⅰ 取土桩底夯实

5.4.1 取土夯底灌注桩适用于黏土层。

126

5.4.2 取土夯底灌注桩施工前应做下列准备：

    1 技术准备应按本规程第 5.3.2 条的规定执行；

    2 材料准备应按本规程第 5.3.2 条的相关规定执行；

    3 主要机具包括简易取土器、柱锤；

    4 施工前应满足的作业条件按本规程第 5.3.2 条的规定执行。

5.4.3 取土夯底灌注桩对所用材料的规定应按本规程第 5.3.3 条的相关规定执行。

5.4.4 取土夯底灌注桩的施工工艺应按图 5.4.4 执行，并按下列具体步骤进行：

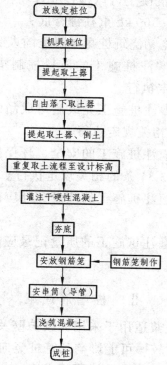

图 5.4.4 取土夯底灌注桩施工工艺流程

1 放线定桩位。先依据基础施工图放线定好桩位中心，再以桩身半径画出圆周，桩位线定好后应经有关部门复查后方可进入后续工序施工；

2 取孔机就位，桩位偏差不大于 20 mm；

3 卷扬机提起取土器至一定高度，松开离合开关使取土器自由下落，然后提起取土器取出泥土；

4 重复 3 的取土过程至设计标高；

5 向孔内灌入干硬性混凝土，混凝土量根据设计或现场试验确定，干硬性混凝土可以预拌或现场拌和；

6 用 100 kg ~ 300 kg 重柱锤夯底；

7 安放钢筋笼、浇筑桩身混凝土同人工挖孔灌注桩。

5.4.5 取土夯底灌注桩施工的质量控制措施应按本规程第 5.3.29 条的相关规定执行。

5.4.6 取土夯底灌注桩施工完成后对成品的保护措施应按本规程第 5.3.30 条的相关规定执行。

5.4.7 取土夯底灌注桩施工的安全、环保措施及职业健康措施应按本规程第 5.3.31 条的相关规定执行。

5.4.8 取土夯底灌注桩施工的质量标准应按本规程第 5.3.32 条的规定执行。

5.4.9 取土夯底灌注桩施工的质量记录应按本规程第 5.3.33 条的规定执行。

Ⅱ 桩端后注浆

5.4.10 桩端后注浆适用于采用泥浆护壁及干作业成孔后，桩端沉渣或浮土相对较厚可能影响到基桩竖向承载力的灌注桩，也适用于对桩周松散土体进行浆液充填。

5.4.11 桩端后注浆施工前应做下列准备：

1 技术准备包括下列内容：

1) 熟悉设计要求和岩土工程勘查报告，掌握桩周土土层厚度、土的含水量、裂隙发育及分布规律、地下水及土体的腐蚀性等；

2) 通过钻芯取样，查明桩端沉渣或浮土厚度、组成成分及孔隙率特性；

3) 根据设计要求，针对桩端实际情况，选择合适的水泥品种，并选择水泥浆的水灰比；

4) 编制施工方案和进行技术交底。

2 施工现场应做下列准备：

1) 钢筋笼吊放前，应采用钢管，且应与钢筋笼加劲筋绑扎固定或焊接。压浆管数量按设计要求布置，设计无要求时，对于桩体直径小于 1.0 m 的桩，沿直径方向两侧各固定 1 根压浆管；对于桩体直径大于 1.0 m 的桩，沿桩周圆弧方向均匀固定 3 根～5 根压浆管。注浆管末端及注浆孔，用塑料膜临时封闭，并进入桩端下沉渣或浮土底面位置。

2) 混凝土灌注前，可在孔底注浆管埋深位置抛入部分碎石，以遮盖注浆管。混凝土灌注过程中，不得堵塞及损坏已经固定的注浆管。

3) 当灌浆前通过压水试压发现原注浆管已经堵塞时，应采用回转取芯钻机进行取芯，取芯深度应穿过桩体并进入桩端沉渣及浮土底部。

3 桩端后注浆所用材料包括水泥、膨胀剂、缓凝剂、水玻璃、粉砂、碎石或豆石等。

4 施工前应准备下列主要机具：

1）专用的灰浆泵或砂浆泵；

2）搅拌桶、电焊机、扣件或铁丝等。

5 施工前应满足下列作业条件：

1）平整作业场地，并形成材料临时运输通道；

2）桩体周围分布空洞及松散人工填土区域，应用黏性土夯实，然后在夯实土体表面用混凝土封闭，混凝土厚度宜为200 mm，混凝土强度宜为 C15；

3）所有机械设备和工具已进场，并经调试运转正常；

4）材料已按计划进场，并经检验符合要求。

5.4.12 桩端后注浆施工所用的材料应符合下列规定：

1 采用强度等级 42.5 级及以上的普通硅酸盐水泥，在基岩内若存在混凝土腐蚀性矿物，应采用抗硫酸盐水泥等抗腐蚀措施；

2 采用一般饮用水，或未经污染的河水及地下水；

3 碎石或豆石粒径 ≤5 mm；

4 注浆管用的钢管或厚壁 PE 管符合相应国家标准的要求。

5.4.13 桩端后注浆施工工艺按图 5.4.13 执行，并应符合下列规定：

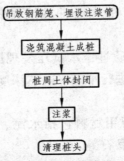

图 5.4.13 桩端后注浆施工工艺流程

1 吊放钢筋笼前，应按设计要求将注浆管固定在钢筋笼内侧一定位置，固定位置应均匀，注浆管上下两端应封口。

2 浇筑混凝土时，不得损坏注浆管，并保证注浆管的畅通。

3 桩周地面土质松散，在注浆压力下，易形成漏浆及串浆。在灌浆前，可采用黏土或混凝土对桩周地面土进行封闭。封闭的范围及深度，应以保证注浆时地面不冒浆为限。

4 注浆操作应符合下列规定：

1）注浆前，先用小量清水试压，检查压浆管是否畅通。

2）灌浆材料一般用水泥浆，水灰比宜为 0.5 ~ 1.0，桩底沉渣孔隙率较大、可灌性好时，可采用水泥砂浆。要求快凝时，可采用快硬水泥或在水泥浆中加入约 1%的水玻璃；要求缓凝时，可加入 0.1% ~ 0.5%的木质素磺酸钙。当桩端沉渣或浮土超过 1.0 m 或桩周土层松散时，可在浆液中掺入适量粉砂或粉煤灰，同时，添加适量膨胀剂。

3）注浆压力，根据注浆深度、桩端沉渣或浮土厚度、桩周土特性、水泥浆的稠度等综合确定，宜为 0.3 MPa ~ 3 MPa，终止注浆压力应根据土层性质及注浆点深度综合确定。

4）水泥浆应连续一次压入，不得中断，第 1 次注浆完成后，可间隔 1 小时后根据浆液渗流及收缩情况进行二次灌浆，直至注浆饱和。

5）注浆时，应动态监测桩顶面标高变化及桩周土浆液冒出地面情况，以便及时调整注浆压力。单桩注浆量，先理论计算桩端沉渣或浮土体积，桩周土体按 0.5 m 厚度理论计算，充盈系数可按 2.0 ~ 2.5 控制。

6）桩端沉渣或浮土为较密实的粉砂及细砂时，依靠浆液渗透、挤密及劈裂方式均难以保证注浆效果质量，可按以下办法处理：当沉砂厚度小于 0.8 m 时，可采用空压机分次将砂吹出，再沿注浆通道回填加入 30%细砂的粒径小于 5 mm 的碎石或豆石，最后注浆；当沉砂厚度大于 0.8 m，可采用高压旋喷桩注浆方式，直接对桩底沉砂进行加固处理，可根据桩径大小，灵活选择单管法或双管法。

    5 注浆完成后，需及时切割露出桩体表面的注浆管，并封闭注浆管端部，同时，实测桩顶标高，清理场地浮浆及残留水泥胶结物。

5.4.14 桩端后注浆施工的质量控制要点：

    1 施工前应掌握有关技术文件（注浆点位置、浆液配比、注浆施工技术参数及检测要求等），浆液组成材料的性能应符合设计要求，注浆设备应确保正常运行；

    2 施工中应动态抽查浆液配比及主要性能指标、注浆顺序及压力控制等；

    3 施工结束后，应检测注浆体强度及基桩承载力；

    4 当注浆无法满足设计要求时，可在动探检测基础上，选取加固效果薄弱区域，采用回转取芯钻机成孔，重新埋设注浆管，进行第二次注浆，直至满足设计承载力要求。

5.4.15 桩端后注浆施工完成后对成品的保护应包括下列措施：

    1 按本规程第 5.3.30 条的相关规定执行；

    2 在注浆后 7 d 内，不得对桩体加载，也不得对桩周土体进行扰动。

5.4.16 桩端后注浆施工的安全、环保及职业健康措施应符合下列要求：

    1 按本规程第 5.3.31 条的相关规定执行；

    2 配制浆液应佩戴防护手套机防护眼镜，防止腐蚀伤害；

3 施工中应采取防止污染水源措施；

4 水泥倒入注浆搅拌池时，应佩戴防尘口罩，以避免吸入颗粒物造成职业伤害。

5.4.17 桩端后注浆施工的质量标准应符合下列规定：

1 原材料复检合格；

2 注浆体试块强度满足设计要求；

3 基桩承载力及变形满足设计要求；

4 桩端沉渣或浮土加固均匀，桩周土体加固基本均匀。

5.4.18 桩端后注浆施工的质量记录应包括下列内容：

1 原材料出厂合格证和复检报告；

2 桩底沉渣厚度现场记录表；

3 注浆施工记录；

4 注浆体试块强度报告；

5 检验批验收记录；

6 基桩承载力检测报告。

6 土方工程

6.1 一般规定

6.1.1 土方工程施工前应考虑土方量、土方运距、施工顺序、地质条件等因素，进行土方平衡和合理调配，确定土方机械的作业线路、运输车辆的行走路线、弃土地点。

6.1.2 土方工程施工应采取保护周边环境、支护结构、工程桩及降水井点等措施，当开挖较深时还应采取防止基坑底部土隆起的措施。

6.1.3 在挖方前，应做好地面排水和降低地下水位工作。

6.1.4 平整场地的表面坡度应符合设计要求，如设计无要求时，排水沟方向的坡度不应小于 2‰。平整后的场地表面应逐点检查，检查点为每 100 m² ~ 400 m² 取 1 点，检查点的间距不宜大于 20 m，但不应少于 10 点；长度、宽度和边坡均为每 20 m 取 1 点，每边不应少于 1 点。

6.1.5 机械挖土时应避免超挖，边角土方、边坡修整以及坑底以上 200 mm ~ 300 mm 范围内的土方应采用人工修底的方式挖除。

6.1.6 挖土机械、土方运输车辆等通过坡道进入作业点时，应采取保证坡道稳定的措施。

6.1.7 土方工程施工，应采取可靠措施确保土方边坡稳定，在山区和丘陵地区施工时应尤其注意。

6.1.8 基坑开挖应进行全过程监测，应采用信息化施工法，根据基坑支护体系和周边环境的监测数据，适时调整基坑开挖的施工顺序和施工方法。

6.1.9 冬季施工时应采取防冻、防滑等措施。

6.2 土方开挖

6.2.1 场地平整施工前应做下列准备：

1 技术层面应做下列准备：

1）熟悉图纸及岩土工程勘察报告，掌握设计内容及各项技术要求；

2）查勘施工现场，收集各项资料；

3）绘制场内土方平衡图，合理组织施工机械及劳动力；

4）编制施工方案和进行技术交底。

2 做好临时设施用料和机械用油料计划、采购和进场组织工作，按施工平面图要求指定地点存放。

3 主要机具应包括推土机、铲运机、装载机、挖掘机、自卸汽车等。常用土方机械的选择参见本规程附录 G。

4 施工前应满足下列作业条件：

1）现场已作初步勘察，已编制场地平整施工方案；

2）现场拆迁已完成，地上地下障碍物已清除；

3）施工机械和人员已落实；

4）临时道路已修筑、临时设施已搭设。

6.2.2 场地平整施工工艺按图 6.2.2 执行，并应符合下列规定：

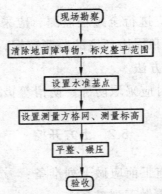

图 6.2.2　场地平整施工工艺流程

  1　施工人员应到现场进行勘察，了解场地地形、地貌和周围环境，确定现场平整场地的大致范围；

  2　凡场地内不利于施工的障碍物应清除；

  3　根据总图设计标高，进行挖填方的平衡计算，做好土方平衡调配；

  4　大面积挖填土方宜采用机械施工。

6.2.3　场地平整施工完成后对成品的保护应包括下列措施：

  1　引进现场的测量控制点（坐标桩、水准基点）应严加保护，防止在场地平整过程中受破坏，并应定期进行复测校核，保证其正确性；

  2　在场地平整过程中和平整完成后均应注意排水设施的保护，保持现场排水系统的畅通，以防止下雨后场地大面积积水或场地泥泞，影响施工作业；

  3　场地道路应经常维修和加强维护，保持道路整洁和畅通。

6.2.4　场地平整施工的安全、环保及职业健康措施应符合下列要求：

1 机械操作人员应持证上岗，严禁无证人员动用机械设备；

2 机械施工应严格按照操作规程作业，严禁违章作业；

3 运输车辆进出场道路与铁路、公路交叉时，应设专人指挥或设置专用信号标志，以防发生交通安全事故；

4 如场地平整中需要爆破作业时，应按规定进行申报，获得批准，应采取可靠措施，保证临时设施、机械和人员的安全，防止发生机械损害和人身伤亡事故；

5 当场地作业区距居民小区较近时，应有防噪和防扰民措施，夜间施工，要有足够的照明；

6 运输土方的车辆如需在场外行驶时，应用加盖车辆或采取覆盖措施，以防遗洒污染道路和环境。

6.2.5 基槽（坑、管沟）人工挖土施工前应做下列准备：

1 技术层面应做下列准备：

1）熟悉施工图纸和地质勘察报告，掌握基础部分标高和做法、土层和地下水位情况、确定挖土深度和坡度、人员组织和安排，编制挖土施工方案；

2）测量放线工作，应根据给定的国家永久性坐标、水准点，按建筑物总平面和建筑红线要求，引测到现场；

3）对参加施工人员进行详细的技术和安全文明施工交底。

2 材料准备应按下列要求：

1）如基槽（坑）需用明沟和集水井进行降排水时，应准备做集水井的材料，作简单支护时，需准备支护用材料；

2）基槽（坑）需作局部处理或基底换填时，需准备好换填用材料；

3）雨季施工应准备护坡用材料（如塑料布、钢丝网、水泥等）；

  4）寒冷地区冬期施工应准备基底保温覆盖材料；

  5）应准备好基础施工材料，以便验槽后可以立即进行基础工程的施工，防止过长时间的晾槽。

  3 主要机具应包括铁锹、十字镐、大锤、钢钎、钢撬棍、手推车、水泵等。

  4 施工前应满足下列作业条件：

  1）现场三通一平已完成，地上地下障碍物已清除或地下障碍物已查明；

  2）基槽（坑）开挖的测量放线工作已完成，并经验收符合设计要求；

  3）开挖现场的地表水已排除，如采用人工降低地下水位时，水位已降至基底 500 mm 以下；

  4）土方堆放场地已落实，如需机械倒运土方时，土方的装载、运输、堆高或平整的机械设备已落实。

6.2.6 基槽（坑、管沟）人工挖土施工工艺按图 6.2.6 执行，并应符合下列规定：

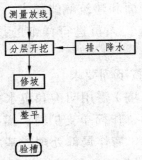

图 6.2.6 基槽（坑、管沟）人工挖土施工工艺流程

1 基槽（坑）和管沟开挖应按施工方案放线定出的开挖宽度分段分层挖土，应根据土质和地下水情况，采取在四侧或两侧直立或放坡开挖。

2 在天然湿度的地质土中开挖基槽（坑）和管沟，如无地下水，挖方边坡可做成直立壁，不加支撑，但挖方深度不得超过表 6.2.6 的规定（膨胀土除外），如超过表 6.2.6 规定的深度，但不超过 5 m 时，应根据土质情况按表 6.2.13-1、6.2.13-2 的规定进行放坡开挖。基槽（坑）和管沟的宽度应稍大于基础的宽度，根据基础做法留出基础砌筑或支模板的操作面宽度，一般每侧为 300 mm ~ 500 mm。

表 6.2.6 基槽（坑）和管沟不加支撑时的容许直立开挖深度（膨胀土除外）

项次	土的种类	容许深度/m
1	密实、中密的砂土和碎石类土（充填物为砂土）	1.00
2	硬塑、可塑的粉质黏土及粉土	1.25
3	硬塑、可塑的黏土和碎石类土（充填物为黏性土）	1.50
4	坚硬的黏土	2.00

3 当开挖基槽（坑）和管沟的土体含水量较大但不稳定，或受周围场地限制需用较陡的边坡或直立开挖但土质较差时，应采取或局部采取临时性支撑加固，如采用短桩与横隔板支撑或砌砖、毛石或用编织袋装土或砂石堆砌临时矮挡土墙保护坡脚。

4 挖土应自上而下水平分段分层进行，边挖边检查坑底宽度，不合要求时应及时修整，每挖深 1 m 左右应修坡一次，挖至设计标高后应统一修坡和检查坑底宽度和标高并清底，要求坑底凹凸不超过 20 mm。如基槽（坑）基底标高不相同时，高低标高相接处应做成阶梯形，阶梯的高宽比不宜大于 1：2。

5　开挖条形浅基槽不放坡时，应沿灰线里面切出基槽的轮廓线。对普通软土，应自上而下分层开挖，每层深度为 300 mm～600 mm，从开挖端向后倒退按踏步型挖掘；对黏土、坚硬黏土和碎石类土，先用镐刨松后，再向前挖掘，每层挖土厚度 150 mm～200 mm，每层应清底和出土后再挖掘下一层。

6　基槽（坑）管沟放坡，应先按规定的坡度粗略开挖，再分层按坡度要求做出坡度线。当基槽（坑）管沟挖至距离坑底 0.5 m 时，应沿基槽（坑）壁每隔 2 m～3 m 打入一根小木桩，并抄上标高，作为清底时的标高依据。

7　开挖较深基槽（坑）或管沟时，为了弃土方便，可根据土质特点将坡度全高做出 1～2 个宽 0.7 m～0.8 m 的台阶，作为倒土台，开挖时，可将下阶弃土倒至上阶土台后，再倒至坑上沿。

8　基槽（坑）或管沟开挖应尽量防止扰动地基土，当基坑挖好后不能及时进行下道工序施工时，应预留 200 mm～300 mm 的土不挖，待下道工序开始前再挖至设计标高。

9　在地下水位以下挖土时应符合下列规定：

1）地下水水量不大时，可采取明沟和集水井排水法随挖随排地下水；

2）在每层土开挖前，先在基坑四周或两侧挖 500 mm 深的排水沟（排水沟纵坡视实际情况定），再每隔 20 m～30 m 挖深度在 1 m 以上的集水井，地下水经排水沟排到集水井，再用水泵抽出坑外；

3）当涌水量较大时应采取人工降低地下水位措施，地下水位应降至拟开挖土层底面以下不小于 500 mm。

10 在基槽（坑）边缘周边严禁超堆，施工荷载应符合设计要求。

11 在邻近建筑物旁开挖基槽（坑）或管沟土方，当开挖深度深于原有基础时，开挖应保持一定的坡度，应满足 $h/l = 0.5 \sim 1$（h 为超过原有基础的深度，l 为离原有基础的距离），否则应在坡脚采取设支挡措施。

12 开挖基槽（坑）和管沟时，不得超过基底标高。

13 雨季施工时，基槽（坑）应分段开挖，并应提前挖好排水沟，挖好一段进行验槽后，立即浇筑垫层。应经常检查边坡和支护稳定情况，必要时适当放缓边坡坡度或设置支撑。

14 寒冷地区冬季施工时，应采取措施（如表土覆盖保温材料、将表土翻松等）防止土层冻结，挖土应连续快速挖掘和清除，土方开挖完毕，应立即进行下道工序施工。停歇时间 1 ~ 2 d 时，应覆盖草袋、草垫等保温材料；停歇时间较长时，应预留 200 mm ~ 300 mm 厚土层不挖，并用保温材料覆盖。

15 基槽（坑）挖至设计标高后，应进行验槽并完成相关资料。

6.2.7 基槽（坑、管沟）人工挖土施工完成后对成品的保护应包括下列措施：

1 定位桩和水准点应定期复测，应保证挖土、运土机械行驶时不得碰撞；

2 设置的支撑或支护结构，在施工全过程均应做好保护，不得随意损坏或拆除；

3 对直立壁或边坡要防止扰动或被雨水冲刷，造成失稳；

4 开挖后当不能及时浇筑垫层或安装管道，应采取保护措施，防止扰动或破坏基土；

5 开挖过程中，当发现文物或古墓时，应停止施工并妥善保护，立即报有关部门；当发现永久性标桩或地质、地震部门设置的长期观测点以及地下管网、电缆等，应加以保护，并报有关部门处理。

6.2.8 基槽（坑、管沟）人工挖土施工的安全、环保及职业健康措施应符合下列要求：

1 人工开挖时，两人操作间距应大于 3 m，不得对面用镐挖土；

2 人工吊运土方时，应检查起吊工具、绳索是否牢靠，吊斗下面不得站人，卸土堆应离开坑边一定距离，以防造成坑壁坍塌；

3 机械距边坡的安全距离应符合设计要求；

4 采用降排水措施时，抽出的水应经沉淀后有组织地排放至指定位置，不得任其漫流而污染场地环境；

5 运输土方的车辆需在场外行驶时，应用加盖车辆或采取覆盖措施，以防遗洒。

6.2.9 基槽（坑）机械挖土施工前应做下列准备：

1 技术层面应做下列准备：

1）熟悉施工图纸和工程地质勘察报告，掌握基础部分标高和做法、土层和地下水位情况，确定挖土深度和坡度，人员组织和安排，对有支护结构的土方开挖工程，土方开挖前应与支护结构施工单位一起编制挖土施工方案；

2）进行测量放线；

3）对参加施工人员进行详细的技术和安全文明施工交底。

2 施工前应准备下列材料：

1）雨季施工应准备护坡用材料（如塑料布、钢丝网、水泥等）；

142

2）寒冷地区冬期施工应准备基底保温覆盖材料；

3）应准备好基础施工材料，以便验槽后可以立即进行基础工程的施工，防止晾槽时间过长。

3　施工前应准备下列主要机具：

1）推土机、铲运机、装载机、挖掘机、自卸汽车、水泵等；

2）吊土斗、铁锹、十字镐、大锤、钢钎、钢撬棍、手推车等。

4　施工前应满足下列作业条件：

1）现场三通一平已完成，地上地下障碍物已清除或地下障碍物已查明；

2）基槽（坑）开挖的测量放线工作已完成，并经验收符合设计要求，基坑支护桩及冠梁已达到设计强度；

3）开挖现场的地表水已排除，采用人工降低地下水位时，水位已降至基底标高 500 mm 以下；

4）土方堆放场地已落实，机械倒运土方时，土方的装载、运输、堆高或平整的机械设备已落实；

5）参加施工人员已进行了技术、安全和文明施工的交底。

6.2.10　基槽（坑）机械挖土施工工艺按图 6.2.10 执行，并应符合下列规定：

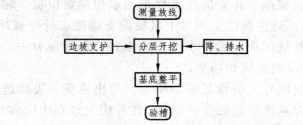

图 6.2.10　基槽（坑）机械挖土施工工艺流程

1 机械土方开挖应根据工程规模、土质情况、地下水位高低、施工设备条件、进度要求等合理选用挖土施工机械（见附录 F），以充分发挥机械效率，节省费用，加速工程进度；

2 机械挖土应绘制详细的土方开挖图，规定开挖路线、顺序、范围、底部各层标高、边坡坡度、排水沟与集水井位置及流向、弃土堆放位置等，应避免超挖、乱挖，应尽可能使机械多挖，减少人工挖土；

3 各种挖土机械应采用其生产效率高的作业方法进行挖土；

4 基坑开挖应和支护施工相协调，并形成循环作业；

5 基坑开挖应分层分段进行，每层开挖深度应根据土钉、锚杆等支护结构的施工作业面确定，并满足设计要求，分段长度不宜大于 30 m；

6 机械开挖应预留一层 200 mm ~ 300 mm 厚土用人工清底找平，避免超挖和基底土遭受扰动；

7 面积较大的基坑可根据周边环境保护要求、支撑布置形式等因素，采用盆式开挖、岛式开挖等方式施工，并结合开挖方式及时形成支撑或基础底板。

6.2.11 基槽（坑）机械挖土施工完成后对成品的保护应包括下列措施：

1 机械挖土作业应注意保护测量控制定位桩、轴线桩、水准基桩，防止被挖土和运土机械设备碰撞、行驶破坏；

2 基坑四周应设排水沟、集水井，场地应有一定坡度，以防雨水浸泡基坑和场地；

3 夜间施工应设足够的照明，防止地基、边坡超挖；

4 深基坑开挖的支护结构，在开挖全过程中应做好保护，不得随意拆除或损坏；

5 在斜坡地段挖土时，应遵循由上而下、分层开挖的顺序，以避免破坏坡脚，引起滑坡；

6 在软土或粉细砂地层开挖基槽（坑）和管沟时，应采用轻型或喷射井点降低地下水位至开挖基坑底以下 0.5 m ~ 1.0 m，以防止土体滑动或出现流砂现象；

7 基槽（坑）和管沟开挖完成后，应尽快进行下一道工序施工，如不能及时进行施工，应预留一层 200 mm ~ 300 mm 以上土层，在进行下一道工序前挖去，以避免基底遭受扰动，降低地基承载力。

6.2.12 基槽（坑）机械挖土施工的安全、环保及职业健康措施应符合下列要求：

1 土方开挖应严格按照事先制定并审批的开挖方案进行。

2 机械施工区域内禁止无关人员进入，挖掘机工作回转半径范围内不得站人或进行其他作业；土石方爆破应经有关部门批准，爆破时人员及机械设备应撤离危险区域；挖掘机、装载机卸土，应待整机停稳后进行，不得将铲斗从运输汽车驾驶室顶部越过，装土时任何人不得停留在装土车上。

3 夜间作业，机上及工作地点应有充足的照明设施，在施工地段应设置明显的警示标志和护拦。

4 运输土方的车辆如需在场外行驶时，应用加盖车辆或采取覆盖措施，以防遗洒污染道路和环境。

5 在居民区附近夜间施工时，噪声大的机械应禁止使用，以免扰民。

6.2.13 土方开挖施工的质量控制要点：

1 土方开挖前应检查定位放线、排水和降低地下水位系统，合理安排土方运输车的行走路线及弃土场地。

2 施工过程中应检查平面位置、水平标高和边坡坡度、压实度、排水、降低地下水位系统，并随时观察周围的环境变化。

3 土质边坡当土质均匀、地下水贫乏、无不良地质现象和地质环境条件简单时可按表 6.2.13-1 确定。

表 6.2.13-1　土质边坡坡率允许值

边坡土体类别	状态	坡率允许值（高宽比）	
		坡高小于 5 m	坡高 5～10 m
碎石土	密实	1：0.35～1：0.50	1：0.50～1：0.75
	中密	1：0.50～1：0.75	1：0.75～1：1.00
	稍密	1：0.75～1：1.00	1：1.00～1：1.25
黏性土	坚硬	1：0.75～1：1.00	1：1.00～1：1.25
	硬塑	1：1.00～1：1.25	1：1.25～1：1.50

注：1　表中碎石土的充填物为坚硬或硬塑状态的黏性土；

　　2　对于砂土或充填物为砂土的碎石土，其边坡坡率允许值按自然休止角确定。

4 岩质边坡无外倾软弱结构面时可按表 6.2.13-2 确定。

表 6.2.13-2　岩质边坡坡率允许值

边坡岩体类型	风化程度	坡率允许值（高宽比）		
		$H < 8$ m	8 m $\leq H < 15$ m	15 m $\leq H < 25$ m
Ⅰ类	微风化	1：0.00～1：0.10	1：0.10～1：0.15	1：0.15～1：0.25
	中等风化	1：0.10～1：0.15	1：0.15～1：0.25	1：0.25～1：0.35
Ⅱ类	微风化	1：0.10～1：0.15	1：0.15～1：0.25	1：0.25～1：0.35
	中等风化	1：0.15～1：0.25	1：0.25～1：0.35	1：0.35～1：0.50
Ⅲ类	微风化	1：0.25～1：0.35	1：0.35～1：0.50	
	中等风化	1：0.35～1：0.50	1：0.50～1：0.75	
Ⅳ类	微风化	1：0.50～1：0.75	1：0.75～1：1.00	
	中等风化	1：0.75～1：1.00		

注：1　表中 H 为边坡高度；

　　2　Ⅳ类强风化包括各类风化程度的极软岩。

6.2.14 土方开挖施工的质量检验标准应符合表 6.2.14 的规定。

表 6.2.14 土方开挖工程的质量检验标准

项目	序	项 目	允许偏差及允许值/mm					检验方法
			柱基基坑基槽	场地平整		管沟	地（路）面基层	
				人工	机械			
主控项目	1	标 高	− 50	± 30	± 50	− 50	− 50	水准仪
	2	长度、宽度（由设计中心线向两边量）	+ 200 − 50	+ 300 − 100	+ 500 − 150	− 100	—	经纬仪，用钢尺量
	3	边坡	设计要求					观察或用坡度尺检查
一般项目	1	表面平整度	20	20	50	20	20	用 2 m 靠尺和楔形塞尺检查
	2	基底土性	设计要求					观察或土样分析

注：地（路）面基层的偏差只适用于直接在挖、填方上做地（路）面的基层。

6.2.15 土方开挖施工的质量记录应包括下列内容：

1 地基验槽记录和隐蔽工程记录；

2 钎探记录等；

3 检验批质量验收记录。

6.3 土方回填

6.3.1 土方回填适用于工业与民用建筑场地、基槽（坑）和管沟、室外散水等回填土工程。

6.3.2 土方回填施工前应做下列准备：

1 技术层面应做下列准备：

1）施工前，应根据工程特点、填料土质、设计要求的压实系数、施工条件等，确定填料含水量控制范围、铺土厚度、夯实或碾压遍数等参数，重要及大型土方回填工程应通过压实试验确定，并根据现场条件确定施工方法；

2）编制施工方案和进行技术交底。

2 主要材料应符合下列要求：

1）土料应符合设计要求；

2）碎石、石屑不含有机杂质、最大粒径符合设计要求；

3）建筑垃圾、矿渣、工业废渣、爆破石渣等符合设计要求。

3 施工前应准备下列主要机具：

1）人工回填主要机具包括铁锹、手推车、机动翻斗车、蛙式打夯机、木夯、筛子、喷壶等；

2）机械回填主要机具包括推土机，铲运机、汽车、压路机、羊足碾、平碾、平板振动器等；

4 施工前应满足下列作业条件：

1）在耕植土或松土上回填，应在基底压实后进行，回填前，应清除基底上草皮、杂物、树根和淤泥，排除积水，并在四周设排水沟或截洪沟，防止地面水流入填方区或基槽（坑），浸泡地基；

2）填写隐蔽工程记录，并经质量检查验收，混凝土或砌筑砂浆达到规定的强度；

3）大型土方回填，应根据工程规模、特点、填料种类、设计对压实系数的要求、施工机具设备条件等，通过试验确定土料含水量控制范围，每层铺土厚度和打夯或压实遍数等施工参数；

4）做好水平高程的测量，基槽（坑）或管沟，边坡上每隔 3 m 打入一根水平木桩，室内和散水的边墙上，做好水平标记。

6.3.3 土方回填所用土料应符合下列规定：

1 回填用土料应符合按设计要求，土料不得采用淤泥和淤泥质土，有机质含量不大于 5%；

2 碎石类土或爆破石渣用作回填土料时，其最大粒径不应大于每层铺填厚度的 2/3；

3 土料含水量应满足压实要求，回填土的最佳含水量及最大干密度应按设计要求或经试验确定，可参考表 6.3.3，黏土的施工含水量与最佳含水量之差可控制为 − 4% ～ ＋ 2%，使用振动碾时可控制为 − 6% ～ ＋ 2%。

表 6.3.3　土的最佳含水量和最大干密度参考表

项次	土的种类	变动范围	
		最佳含水量/%	最大干密度/（g/cm³）
1	砂土	8 ～ 12	1.80 ～ 1.88
2	黏土	19 ～ 23	1.58 ～ 1.70
3	粉质黏土	12 ～ 15	1.85 ～ 1.95
4	粉土	16 ～ 22	1.61 ～ 1.80

注：1 表中土的最大干密度应以现场实际达到的数字为准。

　　2 一般性的回填可不作此项测定。

6.3.4　土方回填施工工艺按图 6.3.4 执行，并应符合下列规定：

图 6.3.4　土方回填施工工艺流程

1　土方回填前应清除基底的垃圾、树根等杂物，抽除坑穴积水、淤泥，验收基底标高，在耕植土或松土上填方时，应在基底压实后再进行。

2　回填土应分层摊铺和夯压密实，填方施工过程中应检查排水措施、每层填筑厚度、含水量控制、压实程度，填筑厚度及压实遍数应根据土质，压实系数及所用机具确定，如无试验依据，应符合表 6.3.4-1 的规定。

表 6.3.4-1　填方施工时的分层厚度及压实遍数

压实机具	分层厚度/mm	每层压实遍数
平碾	250～300	6～8
振动压实机	250～350	3～4
柴油打夯机	200～250	3～4
人工打夯	＜200	3～4

3　大面积土方回填时，应符合下列规定：

1）大面积回填应采取分层、分块（段）回填压实的方法，各块（段）交界面应设置成斜坡形，碾迹应重叠 500 mm～1 000 mm，上下层交界面应错开不应小于 1 000 mm。在碾压之前宜先用轻型推土机推平，低速预压 4 遍～5 遍，使表面平实，避免碾轮下陷；采用振动平碾压实爆破石渣或碎石类土，应先静压，而后振压。

2）填方应在边缘设一定坡度，以保持填方的稳定。填方的边坡坡度根据填方高度、土的种类和其重要性，在设计中加以规定，当无规定时，可按表 6.3.4-2 采用。

表 6.3.4-2　永久性填方的边坡坡度

项次	土的种类	填方高度/m	边坡坡度
1	黏性类土、黄土、类黄土	6	1：1.50
2	粉质黏土、泥灰岩土	6～7	1：1.50
3	中砂和粗砂	10	1：1.50
4	黄土或类黄土	6～9	1：1.50
5	砾石和碎石土	10～12	1：1.50

注：1　当填方的高度超过本表规定的限值时，其边坡可做成折线形，填方下部的边坡应为 1：1.75～1：2.00；

2　凡永久性填方，土的种类未列入举表者，其边坡坡度不得大于 Φ+45°/2，Φ 为土的自然倾斜角；

3　对使用时间较长的临时性填方（如使用时间超过一年的临时工程的填方）边坡坡度，当填高小于 10 m 时可采用 1：1.50，超过 10 m 可作成折线形，上部采用 1：1.50，下部采用 1：1.75。

3）在地形起伏处填土，应做好接槎，修筑 1：2 阶梯形边坡，每台阶高可取 500 mm，宽 1 000 mm。分段填筑时，每层接缝处应做成大于 1：1.5 的斜坡。

4）采用推土机填土时，应由下而上分层铺填，不得采用大坡度推土、以推代压、居高临下、不分层次和一次推填的方法。推土机运土回填，可采取分堆集中一次运送，以减少运土漏失量。填土程序宜采用纵向铺填顺序，从挖土区段至填土区段，以 40 m～60 m 距离为宜，用推土机来回行驶进行碾压，履带应重叠一半。

5）采用铲运机大面积铺填土时，铺填土区段长度不宜小于 20 m，宽度不宜小于 8 m，铺土应分层进行，每次铺土厚度宜为 300 mm～500 mm。

6）碾压机械压实填方时，应控制行驶速度，一般平碾、振动碾不超过 2 km/h，羊足碾不超过 3 km/h，并应控制压实遍数。

7）用压路机进行填方压实，应采用"薄填、慢驶、多次"的方法，碾压方向应从两边逐渐压向中间，碾轮每次重叠宽度约 150 mm～250 mm，边坡、边角边缘处，应辅以人力夯或小型夯实机具夯实。

8）用羊足碾碾压时，碾压方向应从填土区的两侧逐渐压向中心，每次碾压应有 150 mm～200 mm 的重叠，同时应随时清除黏于羊足之间的土料。为提高上部土层密实度，羊足碾压过后，宜再辅以拖式平碾或压路机压平。

4 应分层进行检查验收，密实度检验合格后，方可进行下一层铺填。

6.3.5 土方回填施工的质量控制要点：

1 填方所用土料应符合设计要求。

2 应分层取样检验土的干密度和含水量，每 50 m² ～ 100 m² 面积内应有一个检验点，根据检验结果求得的压实系数应符合设计要求，当设计未要求时不得低于表 6.3.5 的规定，对碎石土干密度不得低于 2 000 kg/m³。

表 6.3.5 压实填土的质量控制

结构类型	填土部位	压实系数 λ_c	控制含水量/%
砌体承重结构和框架结构	在地基主要受力层范围内	≥0.97	$\omega_{op} \pm 2$
	在地基主要受力层范围以下	≥0.95	
排架结构	在地基主要受力层范围内	≥0.96	
	在地基主要受力层范围以下	≥0.94	

注：1 压实系数 λ_c 为压实填土的控制干密度 ρ_d 与最大干密度 ρ_{dmax} 的比值，ω_{op} 为最佳含水量。

　　2 地坪垫层以下及基础底面标高以上的压实填土，压实系数不应小于 0.94。

6.3.6 土方回填施工完成后对成品的保护应包括下列措施：

　　1 回填时，应注意保护定位标准桩、轴线桩、标准高程桩，防止碰撞损坏或下沉；

　　2 基础或管沟的混凝土，砂浆应达到一定强度，不致因填土受到损坏时，方可进行回填；

　　3 基槽（坑）回填应分层对称进行，防止一侧回填造成两侧压力不平衡，使基础变形；

　　4 夜间作业，应合理安排施工顺序，设置足够照明，严禁汽车直接倒土入槽，防止铺填超厚和挤坏基础；

　　5 已完填土应将表面压实，做成一定坡向或做坪排水设施，防止地面雨水流入基槽（坑）浸泡地基。

6.3.7 土方回填施工的安全、环保及职业健康措施应符合下列要求：

　　1 基槽（坑）和管沟在回填前，应检查坑（槽）、沟壁有无塌方迹象，下坑（槽）操作人员必须戴安全帽；

2 在填土夯实过程中，要随时注意边坡土的变化，对坑（槽）、沟壁有松土掉落或塌方的危险时，应采取适当的支护措施，基坑（槽）边上不得堆放重物；

3 坑（槽）及室内回填，用车辆运土时，应对跳板、便桥进行检查，以保证交通道路畅通安全；

4 所有机械设备的操作人员均应持证上岗；

5 在居民区附近夜间施工时，噪声大的机械应禁止施工，以免扰民。

6.3.8 土方回填施工的质量检验标准应符合表 6.3.8 的规定。

表 6.3.8 填土工程的质量检验标准

项目	序	项目	允许偏差及允许值/mm					检验方法
			柱基基坑基槽	场地平整		管沟	地（路）面基层	
				人工	机械			
主控项目	1	标 高	−50	±30	±50	−50	−50	水准仪
	2	分层压实系数	设计要求					按规定方法
一般项目	1	回填土料	设计要求					取样检查或直观鉴别
	2	分层厚度及含水量	设计要求					水准仪及抽样检查
	3	表面平整度	20	20	30	20	20	用靠尺或水准仪

6.3.9 土方回填施工的质量记录应包括下列内容：

　　1 填土料的质量检查记录；

　　2 每层压（夯）检验报告和取样点位置图；

　　3 检验批质量验收记录。

7 基坑支护

7.1 一般规定

7.1.1 在基坑（槽）或管沟工程等开挖施工中，当可能对邻近建（构）筑物、地下管线、永久性道路产生危害时，应对基坑（槽）、管沟进行支护后再开挖。

7.1.2 基坑（槽）、管沟开挖前应做好下列工作：

1 开挖前，应根据支护结构形式、挖深、地质条件、施工方法、周围环境、工期、气候和地面在何等资料制定施工方案、环境保护措施、监测方案，经审批后方可施工；

2 土方工程施工前，应对降水、排水措施进行设计，系统应经检查和试运转，一切正常时方可开始施工；

3 有关支护结构的施工质量验收可按本规程第 4 章、第 5 章及本章的规定执行，验收合格后方可进行土方开挖。

7.1.3 土方开挖的顺序、方法必须与设计工况一致，并遵循"开槽支撑，先撑后挖，分层开挖，严禁超挖"的原则。

7.1.4 当支护结构构件强度达到开挖阶段的设计强度时，方可下挖基坑。对采用预应力锚杆的支护结构，应在锚杆施加预应力后，方可下挖基坑；对土钉墙，应在土钉、喷射混凝土面层的养护时间大于 2 d 后，方可下挖基坑。

7.1.5 基坑（槽）、管沟的挖土应按支护结构设计规定的施工顺序和开挖深度分层进行。开挖时，挖土机械不得碰撞或损伤支护结构、降水设施，不得损害已施工的基础桩。

7.1.6 当基坑开挖面上方的锚杆、土钉、支撑未达到设计要求时，严禁向下超挖土方。

7.1.7 采用锚杆或支撑的支护结构，在未达到设计规定的拆除条件时，严禁拆除锚杆或支撑。

7.1.8 基坑周边施工材料、设施或车辆荷载严禁超过设计要求的地面荷载限值。

7.1.9 基坑（槽）、管沟土方施工中应对支护结构、周围环境进行观察和监测（基坑监测参见附录 H），如出现报警情况应立即停止开挖，并应根据危险产生的原因和可能进一步发展的破坏形式，采取控制或加固措施，危险消除后方可继续施工；必要时，应对危险部位采取基坑回填、地面卸土、临时支撑等应急措施；当危险由地下水管道渗漏、坑体渗水造成时，应及时采取截断渗水源、疏排渗水等措施。

7.2 排桩墙

7.2.1 预制桩、灌注桩排桩墙施工应符合下列规定：

　　1 预制桩排桩墙适用于黏性土、砂质土、黄土等较软、无水地层，可用于埋深较浅的基坑、地下工程支护，打入式预制桩排桩墙，对地层有挤密、隆起作用，当这种影响危机周边安全时，不宜采用；

　　2 灌注桩排桩墙适用于黏性土、砂质土、黄土、碎石土、岩石等各种地层，可用于埋深较大的基坑、地下工程支护。

7.2.2 预制桩、灌注桩排桩墙施工前的准备按本规程第 5.2.2条、第 5.3.2 条的相关规定执行。

7.2.3 预制桩、灌注桩排桩墙所用材料应按本规程第 5.2.3、第 5.3.3 条的相关规定执行。

7.2.4 预制桩排桩墙施工工艺按图 7.2.4 执行,并应符合下列规定:

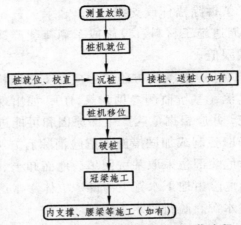

图 7.2.4 预制桩排桩墙施工工艺流程

1 沉桩施工应执行本规程 5.2 节的相关规定;

2 预制桩排桩墙应采用间隔法施工,当一根桩施工完成后,桩机移至隔一桩位施工;

3 双排式排桩墙采用先由前排桩位一侧向单一方向隔桩跳打,再由后排桩位中间向两侧方向隔桩跳打的方式进行施工;

4 桩施工中应按设计要求控制好桩顶标高,施工完成后,按设计要求位置进行破桩,破桩后主筋长度应符合设计要求;

5 土方开挖时应施工冠梁,采用开挖土模、铺设钢筋、浇筑混凝土的方法进行。内支撑、腰梁等均应按设计要求施工,并与土方开挖相配合。

158

7.2.5 灌注桩排桩墙施工工艺按图 7.2.5 执行,并应符合下列规定:

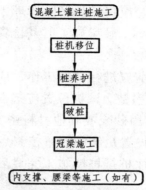

图 7.2.5 灌注桩排桩墙施工工艺流程

1 灌注桩施工应执行本规程 5.3 节的相关规定;

2 灌注桩排桩应间隔成桩,已完成混凝土浇筑的桩与临桩间距应大于 4 倍桩径,或间隔施工时间大于 36 h;

3 内支撑、腰梁等均应按设计要求施工,并与土方开挖相配合。

7.2.6 预制桩、灌注桩排桩墙施工的质量控制要点:

1 桩位、轴线偏差均应满足设计要求,垂直度偏差不宜大于 1%。

2 预制桩长度应满足设计要求,必须接桩时,应采用焊接法,接头在排桩同一标高位置的数量不应大于 50%,并应交叉布置。沉桩长度应满足设计要求,桩顶标高应满足设计要求。当桩下沉困难时,不应随意截桩。

3 灌注桩成桩长度应满足设计要求的桩嵌固长度,灌注桩排桩墙成孔,应保证孔壁的稳定性。

4 内支撑支撑点位置及与桩的连接应符合设计要求，且支撑应及时。

5 冠梁施工前、应将桩顶凿除清理干净，桩顶露出的钢筋长度应符合设计要求；腰梁施工时其位置及与桩的连接应符合设计要求。

6 排桩墙施工前应进行试桩工作，应检验施工工艺的适宜性，确定施工技术参数，试桩位置应选取非排桩设计位置进行，并在试桩结束后用砂浆或其他材料密实封填。

7 施工现场应设置足够的测量控制点。

7.2.8 预制桩、灌注桩排桩墙施工完成后对成品的保护应包括下列措施：

1 按本规程第 5.2.16 条的相关规定执行；

2 基坑、地下工程在施工过程中不得伤及排桩墙墙体；

3 基坑开挖施工中对排桩墙及周围土体的变形、周围道路、建筑物及地下水位进行监测。

7.2.9 预制桩、灌注桩排桩墙施工的安全、环保及职业健康措施应符合下列要求：

1 按本规程第 5.2.17 条的相关规定执行；

2 当灌注桩排桩墙施工所造成的泥浆对周边环境有不利影响时，应采取有效防污染排放措施。

7.2.10 预制桩、灌注桩排桩墙施工的质量标准应按本规程第 5.2.18 条的规定执行。

7.3 土钉墙

7.3.1 土钉墙适用于地下水位以上或经人工降低地下水位后

的黏性土、黏质粉土、弱胶结砂土、碎石类土的基坑支护；对松散填土、自稳能力较差的粉土、砂土应进行专门研究，采取适当措施保证其临时自稳性后可以采用土钉墙支护；一般不应用于淤泥、淤泥质土等软土中；对基坑变形要求严格时，不宜采用土钉墙支护；当土钉墙与有限放坡、预应力锚杆联合使用时，支护深度可适当增加；临近基坑存在地下埋设物而不允许损坏的场地不宜采用。

7.3.2　土钉墙施工前应做下列准备：

　　1　技术准备包括下列内容：

　　　　1）进行工程周边环境调查及熟悉岩土工程勘察报告；

　　　　2）熟悉支护施工图纸，了解土钉位置、尺寸（直径、孔径、长度）、倾角和间距、喷射混凝土面层厚度及钢筋网尺寸等，了解土钉与喷射混凝土面层的连接构造方法；

　　　　3）进行排水及降水方案设计；

　　　　4）编制施工方案和进行技术交底，规定基坑分层、分段开挖的深度及长度，边坡开挖面的裸露时间限制等；

　　　　5）监测方案和预警体系的建立，应急抢险方案的策划；

　　　　6）确定基坑开挖线、轴线定位点、水准基点、变形观测点等，并在设置后加以要善保护。

　　2　应准备的主要材料包括钢管、钢筋、水泥、砂等，各种材料应按计划逐步进场。

　　3　施工前应准备下列主要机具设备：

　　　　1）成孔设备包括冲击钻机、螺旋钻机、回转钻机、洛阳铲等，在易塌孔的土体中钻孔时宜采用套管成孔或挤压成孔设备；

　　　　2）灌浆机具设备包括注浆泵和灰浆搅拌机等，注浆泵的规格、压力和输浆量应满足施工要求；

3）混凝土喷射机具包括混凝土喷射机和空压机等，空压机应满足喷射机所需的工作风压和风量要求，可选用风量9 m³/min 以上、压力大于 0.5 MPa 的空压机。

4 施工前应满足下列作业条件：

1）有齐全的技术文件和完整的施工方案，并已进行技术交底。

2）进行场地平整，拆迁施工区域内的报废建（构）筑物和挖除工程部位地面以下 3 m 内的障碍物。施工现场应有可使用的水源和电源，在施工区域内已设置临时设施，修建施工便道及排水沟，各种施工机具已运到现场，并安装维修试运转正常。

3）已进行施工放线，土钉孔位置、倾角已确定。各种备料和配合比及焊接强度经试验可满足设计要求。

4）当设计有要求应事先对土钉锚固体进行基本试验时，试验工作已完成并已证明各项技术指标符合设计要求。

5）土钉墙基坑支护应在地下水位已降低至作业面以下的条件下进行。土钉墙支护应完成降水工作或隔水措施，地表水已设置排水沟，坑内积水设置临时排水沟和积水坑，用水泵排出。

6）根据设计要求预先制作好土钉，分类编号摆放整齐备用，土钉应由专人制作完成。

7.3.3 土钉墙材料应符合下列规定：

1 用于制作土钉的钢筋（HRB335 级或 HRB400 级热轧钢筋）钢管、角钢等必须符合设计要求，并有出厂合格证和现场复试的试验报告，钢管外径不宜小于 48 mm，壁厚不宜小于 3 mm；

2 用于钢筋网片和连接筋的钢筋必须符合设计要求，并有出厂合格证和现场复试的试验报告；

3 水泥采用强度等级 32.5、42.5 的普通硅酸盐水泥，并有出厂合格证；砂采用粒径小于 2 mm 的中粗砂，含泥量不大于 3%；所用的水 pH 小于 4；所用的化学添加剂、速凝剂必须有出厂合格证。

7.3.4 成孔注浆型土钉墙施工工艺按图 7.3.4 执行，并应符合下列规定：

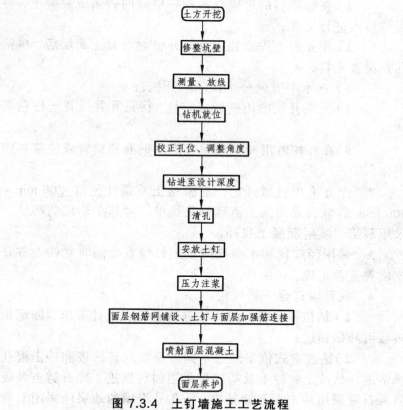

图 7.3.4 土钉墙施工工艺流程

1 应按设计规定分层、分段开挖，做到随时开挖，随时支护，随时喷混凝土，在完成上层作业面的土钉与喷射混凝土以前，不得进行下一层土的开挖；当基坑面积较大时，允许在距离四周边坡 8 m～10 m 的基坑中部自由开挖，但应注意与分层作业区的开挖相协调；当用机械进行土方开挖时，严禁边壁出现超挖或造成边壁土体松动。为防止基坑边坡土体发生坍陷，对于易垮塌的土体可采用下列措施：

1）在修整后的边壁立即喷一层薄的砂浆或混凝土，待凝结后再进行钻孔；

2）作业面上先安装钢筋网并喷射混凝土面层后，再钻孔并设置土钉；

3）在水平方向分小段间隔开挖；

4）先将开挖的边壁做成斜坡，待钻孔并设置土钉后再清坡；

5）在开挖时沿开挖面垂直击入钢筋和钢管或注浆加固土体。

2　土方采用机械开挖，应根据土质条件预留 200 mm～400 mm 的坡面采用人工清理修正找平，对超挖形成的凹坑，采用砂浆、喷射混凝土找补。

3　采用经纬仪和水准仪测量土钉位置，同时复核土方开挖位置是否正确。

4　成孔应符合下列规定：

1）钻机就位后，调整钻进角度符合设计要求，固定机座后可开始钻进；

2）钻进方式依据地层不同可采取回转钻进和冲击潜孔锤钻进，黏性土、砂土及基岩可采用回转钻进，碎石类土及硬质岩石可采用冲击潜孔锤钻进，钻孔易垮塌的地层应采用套管跟进方式钻进；

3）成孔范围内有地下管线等设施时，应查明位置并避开进行成孔作业；

4）在易垮塌的松散土层中成孔时，如成孔困难可注入水泥浆护壁；

5）成孔孔径和倾角应符合设计要求，孔位误差应小于50 mm，孔径误差应小于±15 mm，倾角误差应小于±2°，孔深为土钉长度加300 mm。

5　钻孔完成后，应清除孔底、孔壁沉渣、岩土碎屑、泥浆泥皮等，以保证锚固质量。对干钻成孔，采用高压风吹出岩土碎屑和沉渣；对水钻成孔，采用清水冲洗钻孔至清水反出孔口。

6　清孔完毕后应立即安插土钉，土钉插入深度应达到设计要求，遇塌孔、缩颈时，在处理后再插入土钉。钢筋土钉的制作应符合下列规定：

1）钢筋使用前应调直除；

2）钢筋土钉应沿周边焊接居中支架，居中支架宜采用直径6 mm～8 mm的HPB235级钢筋或3 mm～5 mm的扁铁弯成，间距2.0 m～3.0 m。

7　孔底压力注浆时将注浆管与土钉虚扎，一并插入孔底（距离不宜大于200 mm），注浆中同时缓慢撤出注浆管，注浆过程中注浆管管口始终应埋在浆体表面以下。注浆开始及中途停止超过30 min应用水或水泥浆润滑注浆泵和管路。压力注浆还应符合下列规定：

1）注浆材料可用水泥浆（水灰比宜取0.5～0.55）或水泥砂浆（水灰比宜取0.4～0.45、灰砂比宜取0.5～1.0），为防止泌水、收缩，可掺0.3%的木质素磺酸钙，如需早强，可掺入3.5%的早强剂；

2）为提高土钉抗拔能力，应采用二次注浆工艺。第一次注浆采用水泥砂浆，注浆量不小于钻孔体积的 1.2 倍，第一次注浆初凝后，方可进行第二次注浆，第二次压注纯水泥浆，注浆量为第一次注浆量的 30%～40%，注浆压力宜为 0.4 MPa～0.6 MPa，注满后维持压力 2 min。土钉墙浆液配比和注浆参数应符合表 7.3.4 的规定。

表 7.3.4　土钉墙浆液配比和注浆参数

注浆次序	浆液	普通硅酸盐水泥	水	砂（粒径<0.5 mm）	早强剂	注浆压力/MPa
钢筋土钉第一次	水泥砂浆	1	0.4～0.45	2～3	0.035%	0.2～0.3
钢筋土钉第二次	水泥浆	1	0.5～0.55	—		0.4～0.6

8　面层钢筋网铺设应符合下列规定：

1）钢筋网宜在喷射一层混凝土后铺设，钢筋与坡面的间隙不宜小于 20 mm；

2）采用双层钢筋网时，第二层钢筋网应在第一层钢筋网被混凝土覆盖后铺设；

3）钢筋网宜焊接或绑扎，钢筋网格允许偏差应为 ±10 mm，钢筋网搭接长度不应小于 300 mm，焊接长度不应小于钢筋直径的 10 倍。

9　加强筋应预留足够长度与面层钢筋网连接，并同时与土钉连接。可将土钉钢筋端部制作成 90°弯钩与加强筋呈 45°斜交压在加强筋上，当土钉抗拔力要求较高，以上连接不能满足要求时，应采用螺纹锚加钢垫板连接。

10　喷射混凝土前，应对机械设备、风、水和电路进行全面检查及试运转，喷射混凝土施工应符合下列规定：

1）喷射混凝土粗骨料最大粒径不应大于 15 mm；

2）喷射混凝土作业应分段分片依次进行，同一段内喷射顺序应自下而上，一次喷射厚度宜为 30 mm～80 mm；

3）喷射时，喷头与受喷面应垂直，距离宜为 0.8 m～1.0 m；

4）当土钉墙后存在滞水时，应按设计要求的位置和数量设置泄水孔或采取其他疏水措施；

11 喷射混凝土终凝 2 h 后应及时喷水养护，养护时间不少于 7 d。

7.3.5 击入式土钉墙的施工工艺按图 7.3.5 执行，并应符合下列规定：

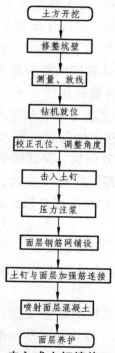

图 7.3.5 击入式土钉墙施工工艺流程

1 钢管土钉制作应符合下列要求：

1)钢管土钉焊接连接时，接头强度不应低于钢管强度，钢管焊接时可采用数量不少于 3 根、直径不小于 16 mm 的钢筋沿截面均匀分布拼焊，双面焊接时钢筋长度不应小于钢管直径的 2 倍；

2)钢管的注浆孔应设置在钢管末端 $l/2 \sim l/3$（l 为钢管土钉的总长度）范围内，孔径宜为 5 mm ~ 8 mm，注浆孔外应设置保护倒刺。

2 钢管土钉击入时，土钉定位误差应小于 20 mm，击入深度误差应小于 100 mm，击入角度误差应小于 ± 1.5°。

3 从钢管空腔内向土层压注水泥浆液，浆液水灰比同钢筋土钉二次注浆，注浆压力不应小于 0.6 MPa，注浆量应满足设计要求，注浆顺序宜从管底向外分段进行，最后封孔。

4 土钉与面层加强筋的连接，可在钢管上帮焊短钢筋条压在面层加强筋上，加强筋与钢管帮焊的钢筋条焊接。

5 混凝土喷射过程中应保证空气压力和流量，保证送料速度均匀，同时控制水的用量，保证喷射混凝土不顺坡滑溜和大量回弹掉落，在钢筋部位应先喷填钢筋一方后再侧向喷填钢筋的另一方，防止钢筋背面出现空隙，在喷射混凝土初凝 2 h 后方可进行下一道工序。

7.3.6 土钉墙施工的质量控制要点：

1 挖土分层厚度应与土钉竖向间距协调，逐层开挖施工，严禁超挖；

2 钻进过程中认真控制钻进参数，合理掌握钻进速度，防止埋钻、卡钻、塌孔、掉块、涌砂和缩颈等通病出现，一旦发生事故，应尽快处理；

3 拔出钻杆后要及时安装土钉，并随即进行注浆作业；

4 土钉安装应按设计要求，正确组装、认真安插，确保安装质量；

5 土钉注浆应按设计要求，严格控制配合比，做到搅拌均匀，并使注浆设备和管路处于良好的工作状态；

6 上一层土钉完成注浆后，间隔 48 h 方可开挖下一层土方；

7 每层土钉施工结束后，应按要求抽查土钉的抗拔力。

7.3.7 土钉墙施工完成后对成品的保护应包括下列措施：

1 土钉完成灌浆施工后，在灌浆体强度达到设计要求前，不得碰触；

2 面层喷射混凝土完成施工后，不得碰撞，终凝后，应及时洒水养护；

3 施工过程中，应注意保护定位控制桩、水准基点桩、监测桩（点），防止碰撞产生位移。

7.3.8 土钉墙施工的安全、环保及职业健康措施应符合下列要求：

1 施工人员进入现场应戴安全帽，高空作业应挂安全带，操作人员应精神集中，遵守有关安全规程；

2 各种设备应处于完好状态，机械设备的运转部位应有安全防护装置；

3 钻机应安设安全可靠的反力装置，在有地下承压水地层中钻进时，孔口应安设可靠的防喷装置，以便突然发生漏水涌砂时能及时封住孔口；

5 注浆管路应畅通，防止塞管、堵泵，造成爆管；

6 电气设备应可靠接地、接零，并由持证人员安全操作，电缆、电线应架空设置；

7 施工现场搅拌站、混凝土喷射作业进行适当的遮挡，避免扬尘污染；

8 施工产生的废水、废浆应妥善处理，不得随便排放；

9 配备必要的劳保用品，做好暑期降温及冬期防寒。

7.3.9 土钉墙施工的质量检验标准应符合表7.3.9的规定。

表 7.3.9　土钉墙支护工程质量检验标准

项目	序	检查项目	允许偏差或允许值		检查方法
			单位	数值	
主控项目	1	土钉长度	不应小于设计长度		用钢尺量
	2	土钉抗拔承载力	设计要求		现场实测
一般项目	1	土钉位置	mm	100	用钢尺量
	2	钻孔倾斜度	（°）	3	测钻机倾角
	3	孔深	mm	+ 50.0	用钢尺量
	4	孔径	mm	± 10	用钢尺量
	5	土钉墙喷射混凝土面层厚度	mm	± 10	用钢尺量
	6	注浆浆体强度	设计要求		试样送检
	7	注浆量	大于理论计算浆量		检查计量数据
	8	喷射混凝土强度	设计要求		试样送检
	9	钢筋网格尺寸	mm	± 30	用钢尺量

7.3.10 土钉墙施工质量记录应包括下列内容：

1 材料的产品质量证明书和抽检试验报告；

2 基坑开挖验槽记录；

3 土钉成孔记录应符合表 7.3.10-1 的规定；

4 土钉灌浆记录应符合表 7.3.10-2 的规定；

5 喷射混凝土记录应符合表 7.3.10-3 的规定；

6 土钉检测试验报告。

表 7.3.10-1　土钉钻孔记录表

土钉编号	钻孔时间	孔深/m	孔径/mm	角度/（°）	土钉直径	备注

建设单位：　　　　　监理单位：　　　　　施工单位：

表 7.3.10-2　土钉灌浆记录表

土钉编号	灌浆时间	灌浆压力	水灰比	计算灌浆量	实际灌浆量	备注

建设单位：　　　　　监理单位：　　　　　施工单位：

表 7.3.10-3　喷射混凝土记录表

位置	喷混凝土时间	面积/m²	厚度/mm	混凝土强度等级	配合比	备注

建设单位：　　　　　监理单位：　　　　　施工单位：

7.4　锚杆（索）

7.4.1 锚杆（索）适用于较密实的砂土、粉土、可塑及硬塑的黏性土、碎石类土以及岩层等地层，不宜用于松散填土、淤泥及淤泥质土、软塑黏性土等地层，基坑周边存在地下埋设物而不允许损坏的场地不宜采用，在膨胀土土体中，宜采用扩大头锚索，塑性指数大于 17 的黏性土层的锚杆应进行蠕变试验。基坑支护中锚杆（索）一般与挡土结构（如支护排桩或喷射面板）结合使用，为挡土结构提供水平拉力。

7.4.2 锚杆（索）施工前应做下列准备：

1 技术准备执行本规程第 7.3.2 条的相关规定。

2 应准备的主要材料包括高强钢丝、钢绞线、钢筋、水泥、砂、配套锚具等，各种材料应按计划逐步进场。

3 施工前应准备下列主要机具设备：

1） 执行本规程第 7.3.2 条的相关规定；

2） 张拉设备包括穿心式千斤顶，油泵、油压表等，千斤顶在使用前应送当地技术监督部门或有资质的检测机构进行校验标定；

3） 百分表（精度不小于 0.02 mm，量程大于 50 mm）。

4 施工前应满足的作业条件执行本规程第 7.3.2 条的相关规定。

7.4.3 锚杆（索）所用材料应符合下列规定：

1 用于制作锚索的钢绞线应符合现行国家标准《预应力混凝土用钢绞线》GB/T 5224 的有关规定；

2 用于制作锚杆的钢筋，宜选用预应力螺纹钢筋、HRB400、HRB500 螺纹钢筋，特殊情况下，壁厚大于 3.5 mm 的钢管也可临时作为锚杆杆体；

3 锚具应符合现行国家标准《预应力筋用锚具、夹具和连接器》GB/T 14370 的规定；

4 执行本规程第 7.3.3 条的相关规定。

7.4.4 锚杆（索）施工工艺按图 7.4.4 执行，并应符合下列规定：

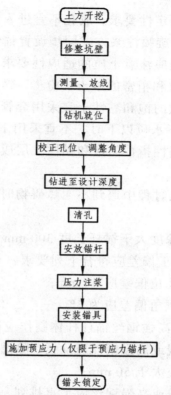

土方开挖

修整坑壁

测量、放线

钻机就位

校正孔位、调整角度

钻进至设计深度

清孔

安放锚杆

压力注浆

安装锚具

施加预应力（仅限于预应力锚杆）

锚头锁定

图 7.4.4　锚杆（索）施工工艺流程

1　锚杆（索）施工土方分层开挖深度一般在拟施工的锚杆（索）下 0.5 m～1.0 m，具体依设计要求而定，不得超挖。继续向下开挖则应在锚杆（索）施工完成并按设计要求施加预应力并锁定后进行。

2　执行本规程第 7.3.4 条的相关规定。

3　锚杆（索）成孔应符合下列规定：

1）应根据土层性状和地下水条件选择成孔工艺，成孔工艺应满足孔壁稳定性要求，成孔不宜进入已有建（构）筑物基础下方。当采用旋喷注浆方式同步设置锚索时，可不考虑孔壁稳定性要求，但应注意土质的适应性要求。

2）对松散和稍密的砂土、粉土、碎石土、填土、有机质土、高液性指数的饱和黏性土宜采用套管护壁成孔工艺。

3）在地下水位以下时，不宜采用干成孔工艺。

4）在高塑性指数的饱和黏性土层成孔时，不宜采用泥浆护壁成孔工艺。

5）当成孔过程中遇到不明障碍物时，在查明其性质前不得钻进。

6）钻孔深度大于锚杆长度 300 mm～500 mm。

4　成孔的施工偏差应符合下列要求：

1）钻孔孔位偏差应 50 mm；

2）钻孔倾角偏差应为 3°。

5　钢绞线或高强钢丝锚杆杆体制作应符合下列规定：

1）钢绞线或高强钢丝应除锈、除油污、每根钢绞线的下料长度偏差不应大于 50 mm；

2）钢绞线或高强钢丝应平直排列，沿杆体轴线方向每隔 1.5 m～2.0 m 设置一个隔离架。

6　钢筋锚杆杆体制作应符合下列规定：

1）钢筋应平直，除油和除锈。

2）当锚杆杆体选用 HRB400、HRB500 钢筋时，其连接宜采用机械连接、双面搭接焊、双面帮条焊。采用双面焊时，焊缝长度不小于钢筋直径的 5 倍。

3）沿杆体轴线方向每隔 2.0 mm～3.0 mm 应设置 1 个对中支架，注浆管、排气管应与锚杆杆体绑扎牢固。

7 采用一次注浆时应符合下列规定：

1）注浆管端距孔底约 200 mm；

2）注浆浆液流出孔口后，用水泥袋纸等捣塞入孔口，并用湿黏土封堵严密；

3）以高压（1 MPa～2 MPa）进行补灌，并稳压数分钟。

8 软弱、复杂地层锚固段注浆宜采用二次注浆工艺，二次注浆采用两根注浆管，注浆时应符合下列规定：

1）第一次用的注浆管管端距锚杆末端约 500 mm，第二次用的注浆管管端距锚杆末端约 1 000 mm，且从管端 500 mm 处开始向上每隔 2 m 作出 1 m 长的花管，孔眼大小可为 8 mm，花管段数视锚固段长度而定；

2）注浆管底口均可用黑胶布封住以防止土粒进入，第一次注浆使用水泥砂浆，注浆量根据孔径和锚固段长度确定，注浆后可拔出注浆管；

3）待第一次注浆的浆液初凝后终凝前，进行第二次压力注浆，压力控制在 2 MPa 左右稳压数分钟，浆液冲破第一次注浆体，向锚固体与土的接触面之间扩散；

4）注浆液采用水泥浆时，水灰比宜取 0.5～0.55；采用水泥砂浆时，水灰比宜取 0.4～0.45，灰砂比宜取 0.5～1.0。水泥浆或水泥砂浆内可掺入提高注浆固结体早期强度或微膨胀的外加剂，其掺量宜按室内试验确定。

9 安装锚具时锚杆（索）与其他支护体系的传力构件如桩、腰梁和其上的台座应已完成施工，锚具应与锚杆（索）类型一致，腰梁、台座的施工应符合相应国家标准的有关规定。

10 锚杆（索）张拉和锁定应符合下列要求：

1）当锚杆（索）固结体的强度达到 15 MPa 并达到设

计强度的 75%后，方可进行；

2）锚头台座的承压面应平整，并应与锚杆轴线方向垂直；

3）锚杆（索）张拉前应对张拉设备进行标定；

4）锚杆（索）正式张拉前，应取 0.1 倍～0.2 倍轴向拉力设计值对锚杆（索）预张拉 1 次～2 次，使杆体完全平直，各部位接触紧密；

5）锚杆（索）张拉至 1.05 倍～1.10 倍轴向拉力设计值时，对岩层、砂土层应持荷 10 min，对黏土层应持荷 15 min，然后卸载至设计锁定值。

7.4.5 锚杆（索）施工的质量控制要点：

1 执行本规程第 7.3.6 条的相关规定；

2 施加预应力应正确选择锚具，并正确安装台座和张拉设备，保证数据准确可靠；

3 钢绞线锚杆杆体绑扎时，钢绞线应平行、间距均匀，杆体插入孔内时，应避免钢绞线在孔内弯曲或扭转；

4 锚固段强度大于 15 MPa 并达到设计强度的 75%后，方可张拉；

5 锚杆（索）锁定时应考虑相邻锚杆张拉锁定引起的预应力损失，当预应力损失严重时应重新锁定，当出现锚头松弛、脱落、锚具失效等时，应及时进行修复并再次锁定。

7.4.6 锚杆（索）施工完成后对成品的保护措施执行本规程第 7.3.7 条的相关规定。

7.4.7 锚杆（索）施工的安全、环保及职业健康措施应符合下列要求：

1 执行本规程第 7.3.8 条的相关规定；

2 锚杆外端部的连接应牢靠，以防在张拉时发生脱扣现象；

3 张拉设备应经检验可靠，并有防范措施。

7.4.8 锚杆(索)施工的质量检验标准应符合表 7.4.8 的要求。

表 7.4.8　锚杆支护工程质量检验标准

项	序	检查项目	允许偏差或允许值		检查方法
			单位	数值	
主控项目	1	锚杆杆体长度	不应小于设计长度		用钢尺量
	2	锚杆抗拔承载力	设计要求		现场实测
一般项目	1	锚杆钻孔孔位	mm	50	用钢尺量
	2	钻孔倾角	(°)	3	测钻机倾角
	3	水平与竖直方向孔距	mm	±50	用钢尺量
	4	自由段的套管长度	mm	±50	用钢尺量
	6	注浆浆体强度	设计要求		试样送检
	7	注浆量	大于理论计算浆量		检查计量数据

7.4.9 锚杆(索)施工质量记录应包括下列内容：

1 材料的产品质量证明书和抽检试验报告；

2 基坑开挖验槽记录；

3 锚杆成孔记录见表 7.4.9-1；

4 锚杆灌浆记录见表 7.4.9-2；

5 冠梁、腰梁、台座等质量验收记录；

6 施加预应力施工记录；

7 锚杆检测试验报告。

表 7.4.9-1　锚杆钻孔记录表

锚杆编号	钻孔时间	孔深/m	孔径/mm	角度/(°)	锚杆直径	备注

建设单位：　　　　　监理单位：　　　　　施工单位：

表 7.4.9-2　锚杆灌浆记录表

锚杆编号	灌浆时间	灌浆压力	水灰比	计算灌浆量	实际灌浆量	备注

建设单位：　　　　　　监理单位：　　　　　　施工单位：

7.5　降水施工

7.5.1　降水施工适用于砂、卵石土、碎石土及软塑、流塑状粉土、粉质黏土地层。

7.5.2　降水施工应符合下列基本要求：

　　1　降水施工前应有降水设计（包括降水方案和管井结构设计）和降水施工方案，并论证工程环境影响，当可能对环境产生危害时，应提出相应的防治措施；

　　2　在基坑外降水时，应有降水范围估算，对重要建筑物或公共设施在降水过程中应监测；

　　3　降水系统施工完后，应试运转，有效则投入运行；

　　4　降水系统运转过程中应按设计定期观测抽水井和观测孔中的水位，根据水位水量下降趋势，预测达到降水设计深度要求所需时间，分析其降水效果，如出现与设计有较大出入，应及时调整降水设计方案；

　　5　降水工程结束应提交技术成果，包括文字报告及有关图表。

7.5.3　降水施工前应做下列准备：

　　1　技术准备包括下列内容：

　　1）降水方案编制，应在降水工程施工前，根据基坑开挖深度及基坑支护设计、基坑周围环境、地下管线分布、岩土工程勘察报告、人工挖孔桩设计桩长以及 CFG 桩复合地基设计等资料进行；

2）降水施工作业前，应对现场施工人员进行技术、质量和安全交底，交底要有记录，应由交底人和接受交底人签字，并保存完整；

3）施工前应查明场地范围内特别是井点位置的地下构筑物和各种地下管线的位置和标高等，并采取有效的保护措施，以免造成损坏。

2 材料准备应包括井管（井壁管和过滤管）、滤料（小砾石）、黏土（用于井点管上口密封和制泥浆）、排水管和水泵等。

3 施工前应准备下列主要机具：

1）管井成孔设备，包括冲击钻机、钻头、井壁管和抽筒；

2）洗井设备，包括空压机、活塞；

3）轻型井点降水系统主要设备，包括井点管、滤水管、连接管、集水总管及抽水设备等；

4）管井井点降水系统主要设备，包括井壁管、滤水管和水泵等。

4 施工前应满足下列作业条件：

1）建筑物的控制轴线、灰线尺寸和标高控制点已经复测；

2）井点位置的地下障碍物已清除；

3）基坑周围受影响的建筑物和构筑物的位移监测已准备就绪；

4）防止基坑周围受影响的建筑物和构筑物的措施已准备就绪；

5）水源电源已准备；

6）排出的地下水应经沉淀处理后方可排放到市政地下管道或河道；

7）所采用的设备已维修和保养，确保能正常使用。

7.5.4 降水施工的材料应符合下列规定：

1 用于井点降水的滤料应洁净，粒径均匀（不均与系数 <3），粗砂、小砾石的含泥量应小于 1%，其粒径应符合设计要求或施工方案要求。用于管井井点的滤料，其粒径以含水层土壤颗粒 $d_{50} \sim d_{60}$（系筛分后留置在筛上的重量为 50%～60% 时筛孔直径）的 8～10 倍为最佳。

2 滤网应符合下列规定：

1）常用滤网类型有方织网、斜织网和平织网，其类型选择见表 7.5.4；

表 7.5.4　常用滤网类型选择表

滤网类型	最适合的网眼孔径/mm		说　明
	在均一砂中	在非均一砂中	
方织网	$2.5 \sim 3.0d_{cp}$	$3.0 \sim 4.0d_{50}$	d_{cp}——平均粒径；
斜织网	$1.25 \sim 1.5d_{cp}$	$1.5 \sim 2.0d_{50}$	d_{50}——相当于过筛量 50%
平织网	$1.50 \sim 2.0d_{cp}$	$2.0 \sim 2.5d_{50}$	的粒径

2）在细砂中适宜于采用平织网，中砂中宜用斜织网，粗砂、砾石中则用方格网；

3）各种滤网均应采用耐水锈材料，如铜网、青铜网和尼龙丝布网等。

3 用于井点管上口密封和制泥浆的黏土应呈可塑状，且黏性要好；

4 各种原材料进场应有产品合格证，对于砂滤层还应进行原材料复试，合格后方可采用。

7.5.5 管井井点降水施工工艺按图 7.5.5 执行，并应符合下列规定：

图 7.5.5 管井井点降水施工工艺流程

1 管井井点布置应符合下列规定：

1）经过管井出水能力和危险点降深验算后确定管井数量，采取沿基坑边不均匀设置管井，管井之间用集水总管连接。基坑范围较大时，可在基坑内临设降水管井，其井口高度宜随基坑开挖而降低。

2）井点管中心距基坑边缘距离，应依据所用钻机的钻孔方法而定，当采用泥浆护壁套管法时，应不小于 3 m，当用泥浆护壁冲击式钻机成孔时，可以为 0.5 m ~ 1.5 m。

2 成孔、井管埋设应符合下列规定：

1）成孔可采用泥浆护壁钻孔或冲孔方法，钻孔直径一般为 500 mm ~ 650 mm，泥浆比重宜为 1.10 ~ 1.15。当孔深到达预定深度后，应冲洗泥浆，减少沉淀。

2）下入水泥井管后，应使滤水井管置于孔中心。井深超过 20 m 时宜使用找中器以保证井管居孔中央。

3）为保证井的出水量，且防止粉细砂涌入井内，在稀释泥浆相对密度接近 1.05 后，应在井管周围填入滤料作过滤层，其厚度不得小于 100 mm。填入滤料后，应及时进行洗井，搁置时间不应过长，洗井时可用活塞、空压机联合洗井。

　　4）井管上口地面下 2.0 m 内，应用黏土填充密实。

　　3　水泵的扬程应根据降水深度和降水井深度确定，水泵的设置深度应小于水泵扬程。

　　4　管井系统运行过程中，应经常对配电系统及排水系统进行检查，并对管井内地下动水位和管井流量进行观测和记录。

7.5.6　轻型井点施工工艺按图 7.5.6 执行，并应符合下列规定：

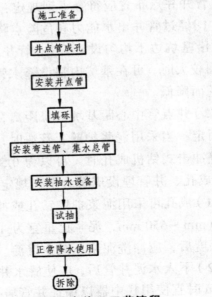

图 7.5.6　轻型井点施工工艺流程

1 轻型井点布置应符合下列规定：

1）轻型井点降水系统的布置，应根据基坑的平面形状与大小、土质、地下水位高低与流向、降水深度要求而定。

2）当基坑或沟槽宽度小于 6 m，降水深度小于 5 m 时，可用单排井点，井点管布置在地下水流上游一侧；当基坑或基槽的宽度大于 6 m，或土质不良，渗透系数较大时，则宜采用双排线状井点，布置在基坑或基槽的两侧；当基坑或基槽的面积较大时，宜采用环状井点布置。

3）当地下降水深度小于 6 m 时，应采用一级轻型井点；当一级轻型井点不能满足降水深度时，可采用明沟排水和一级轻型井点相结合的方法，将总管安装在原有地下水位线以下，以增加降水深度；当采用明沟排水和一级轻型井点相结合的方法不能满足要求时，则应采用二级轻型井点，即先挖去一级井点排干的土方，然后再在坑内布置第二排井点。

2 井点管埋设应符合下列规定：

1）井点管埋设一般采用水冲法，包括冲孔和埋管两个过程。冲孔时，开动高压水泵，将土冲松，冲管应垂直插入土中，并做上下左右摆动，以加剧土体松动，边冲边沉，冲孔直径应不小于 300 mm，冲孔深度应比滤管底深 500 mm 左右。各层土冲孔所需水流压力详见表 7.5.6。

表 7.5.6 各层土冲孔所需水流压力表

土层名称	冲水压力/MPa	土层名称	冲水压力/MPa
松散砂土	0.25～0.45	可塑的黏土	0.60～0.75
软塑状态的黏土、粉质黏土	0.25～0.50	砾石夹黏性土	0.85～0.90

土层名称	冲水压力/MPa	土层名称	冲水压力/MPa
密实的腐植土	0.50	硬塑状态的黏土、粉质黏土	0.75 ~ 1.25
密实的细砂	0.50	粗砂	0.80 ~ 1.15
松散的中砂	0.45 ~ 0.55	中等颗粒的砾石	1.0 ~ 1.25
黄土	0.60 ~ 0.65	硬黏土	1.25 ~ 1.50
密实的中砂	0.60 ~ 0.70	密实的粗砾	1.35 ~ 1.50

注：1 埋设井点冲孔水流压力，最可靠的数字是通过试冲，以上表列值供施工预估配各高压泵及必要时的空气压缩机性能之用。

2 我国轻型井点的最小间距为 800 mm。要求冲孔距离不宜过近，以防两孔冲通，轻型井点间距宜采用 800 mm ~ 1 600 mm。

2）井孔冲成后，立即拔出冲管，插入井点管，并在井点管和孔壁间迅速填灌滤料，填灌要均匀，应当填灌到滤管顶上 1 m ~ 1.5 m 处，以保证水流畅通。

3）井点管上口用黏土封口，封口的高度按设计要求。

3 井点管系统运行应准备双电源，保证连续抽水，正常出水规律为"先大后小，先浑后清"；如出现不上水、水一直较浑或清后又浑等情况，应立即检查纠正。

4 基础工程施工完成并进行回填土后，方可拆除井点系统，井点管拆除一般多借助于倒链、起重机等，所留空洞用土或砂填塞，对地基有防渗要求时，地面以下 2 m 应用黏土填实。

7.5.6 降水施工的质量控制要点：

1 井管外径不宜小于 200 mm，且应大于抽水泵体最大外径 50 mm 以上；成孔应垂直，深度符合要求，孔径宜上下一致，成孔直径应比井管外径大至少 200 mm；

2 成孔到设计深度，应稀释泥浆比重后才能下井管，安装井管时应保证垂直度，井深超过 20 m 时，宜设置找中器；

3 灌填滤料前，应适当稀释孔内泥浆，灌填滤料应不小于计算值的 95%，滤料规格，可用采用粒径 4 mm～20 mm 的砾石，每个管井井口地面下 2.0 m 内用黏土严密封闭；

4 洗井应用空压机和活塞联合洗井，洗井宜自上而下进行，洗井后井管底不存砂，出水量应满足设计要求，出水含砂量应满足规范要求；

5 集水总管、滤管和泵的位置及标高应正确，系统各部件均应安装严密，防止漏气；

6 冲孔孔径不宜小于 300 mm，深度应比滤管底深 500 mm 以上，每个井点孔口到地面下 500 mm～1 000 mm 范围内均应用黏性土严密封闭；

7 隔膜泵底应平整稳固，出水的接管应平接，不得上弯，皮碗应安装准确、对称，使工作时受力平衡；

8 降水过程中，管井井点应定时观测管井地下动水位和管井出水量，轻型井点应定时观测水流量、真空度和水位观测井内的水位。

7.5.7 降水施工对成品的保护应包括下列措施：

1 为防止滤网损坏，在井管放入前，应认真检查，以保证滤网完好；

2 井点管口应有保护措施，防止杂物掉入井管内；

3 排水系统若是水泥管或明沟，应保护好并随时检查，以防漏水。

7.5.8 降水施工的安全、环保及职业健康措施应符合下列要求：

1 建立健全安全生产责任制和安全保证体系，对全体施工人员进行安全教育，组织学习安全技术规范及施工设备的安全操作规程；

2 定期或不定期组织安全检查，发现隐患及时整改；

3 施工现场内一切电源、电路的安装和拆除，应由持证电工专管，电器应严格接地接零和设置漏电保护器，现场电线、电缆应按规定架空，严禁拖地和乱拉、乱搭；

4 所有机械设备操作人员应持证上岗；

5 施工应按计划有序进行，施工场地应做到场地平整，挖好或做好泥浆坑，严禁泥浆满地乱流；

6 抽出的地下水应经沉淀处理后方可排入到市政地下管道或河道；

7 施工机械、电气设备、仪器仪表等在确定完好后方准使用，并由专人负责使用；

8 配备必须的劳保用品，做好暑期降温及冬期防寒。

7.5.9 降水施工的质量检验标准应符合表 7.5.9 的规定。

表 7.5.9 降水施工质量检验标准

序号	检查项目	允许偏差或允许值		检查方法
		单位	数值	
1	排水沟坡度	%	1~2	目测：坑内不积水，沟内排水畅通
2	井管（点）垂直度	%	1	插管时目测
3	井管（点）间距（与设计相比）	%	≤150	用钢尺量

序号	检查项目		允许偏差或允许值		检查方法
			单位	数值	
4	井管（点）插入深度（与设计相比）		mm	≤200	水准仪
5	过滤砂砾料填灌（与计算值相比）		mm	≤5	检查回填料用量
6	井点真空度	轻型井点	kPa	>60	真空度表
		喷射井点		>93	
7	电渗井点阴阳极距离	轻型井点	mm	80~100	用钢尺量
		喷射井点		120~150	

7.5.10 降水施工的质量记录应包括下列内容：

1 施工质量验收记录应包括：

1）成孔施工记录；

2）管井安装记录；

3）洗井记录。

2 在降水过程中，应定人、定时做好表 7.5.10 所示的降水记录。

表 7.5.10 降水记录表

降排水方法	轻型井点降水	喷射井点降水	管井井点降水	电渗井点降水
记录内容	排水流量、真空度、地下水位	水流量、真空度、工作水压力、地下水位	排水流量、地下水位	电压、电流密度、耗电量、排水量、地下水位

注：当降水基坑周围有受影响的建（构）筑物时，应对其进行位移监测和记录。

附录 A 天然地基基础基槽检验要点

A.0.1 基槽开挖后，应检验下列内容：

    1 核对基坑的位置、平面尺寸、坑底标高；

    2 核对基坑土质和地下水情况；

    3 空穴、古墓、古井、防空掩体及地下埋设物的位置、深度、性状。

A.0.2 在进行直接观察时，可用袖珍式贯入仪作为辅助手段。

A.0.3 遇到下列情况之一时，应在基坑底普遍进行轻型动力触探：

    1 持力层明显不均匀；

    2 浅部有软弱下卧层；

    3 有浅埋的坑穴、古墓、古井等，直接观察难以发现时；

    4 勘察报告或设计文件规定应进行轻型动力触探时。

A.0.4 采用轻型动力触探进行基槽检验时，检验深度及间距按表 A.0.4 执行。

表 A.0.4 轻型动力触探检验深度及间距表

排列方式	基槽宽度/m	检验深度/m	检验间距
中心一排	< 0.8	1.2	1.0 m～1.5 m，视地层复杂情况定
两排错开	0.8～2.0	1.5	
梅花型	> 2.0	2.1	

A.0.5 遇下列情况之一时，可不进行轻型动力触探：

    1 基坑浅部有承压水层，触探可造成冒水涌砂时；

    2 持力层为砾石层或卵石层，且其厚度符合设计要求时。

A.0.6 基槽检验应填写验槽记录或检验报告。

附录 B 塑料排水带的厚度与性能

B.0.1 塑料排水带厚度见表 B.0.1。

表 B.0.1 不同型号塑料排水带的厚度

型 号	A	B	C	D
厚度/mm	> 3.5	> 4.0	> 4.5	> 6

B.0.2 塑料排水带性能见表 B.0.2。

表 B.0.2 塑料排水带性能

项 目		单位	A 型	B 型	C 型	条 件
纵向通水量		cm³/s	≥15	≥25	≥40	侧压力
滤膜渗透系数		cm/s	≥5×10⁻⁴	≥5×10⁻⁴	≥5×10⁻⁴	试件在水中浸泡 24 h
滤膜等效孔径		μm	< 75	< 75	< 75	以 D_{98} 计，D 为孔径
复合体抗拉强度（干态）		kN/10 cm	≥1.0	≥1.3	≥1.5	延伸率10%时
滤膜抗拉强度	干态	N/cm	≥15	≥25	≥30	延伸率 15% 时试件在水中浸泡 24 h
	湿态	N/cm	≥10	≥20	≥25	
滤膜重度		N/m²		0.8		

注：A 型排水带适用于插入深度小于 15 m；B 型排水带适用于插入深度小于 25 m；C 型排水带适用于插入深度小于 35 m。

B. 0. 3 国内常用塑料排水带性能见表 B.0.3。

表 B.0.3 国内常用塑料排水带性能

项　目			类　型				
			TJ-1	SPB-1	Mebra	日本大林式	Alidrain
截面尺寸/mm			100×4	100×4	100×3.5	100×1.6	100×7
材料	带芯		聚乙烯、聚丙烯	聚氯乙烯	聚乙烯	聚乙烯	聚乙烯、聚丙烯
	滤膜		涤纶	混合涤纶	合成纤维质	—	—
纵向沟槽数			38	38	38	10	无固定通道
沟槽面积/mm²			152	152	207	112	180
带芯	抗拉强度/（N/cm）		210	170	—	270	—
	180°弯曲		不脆不断	不脆不断	—	—	—
滤膜	抗拉强度/（N/cm）	干	>30	经42，纬27.2	107	—	—
		饱和	25~30	经42，纬14.5	—	—	57
	耐破度/（N/cm）	饱和	87.7	52.5	—	—	54.9
		干	71.7	51.0	—	—	—
	渗透系数/（cm/s）		$1×10^{-2}$	$4.2×10^{-4}$	—	$1.2×10^{-2}$	$3×10^{-4}$

附录 C 常用振冲器型号及技术性能表

表 C 常用振冲器型号及技术性能表

型 号	ZCQ13	ZCQ30	ZCQ-55	BL-75
电动机功率/kW	13	30	55	75
转速/（r/min）	1 450	1 450	1 450	1 450
额定电流/A	22.5	60	100	150
不平衡重量/kg	29.0	66.0	104.0	
振动力/kN	35	90	200	160
振幅/mm	4.2	4.2	5.0	7.0
振冲器外径/mm	274	351	450	426
长度/mm	2 000	2 150	2 500	3 000
总重量/kN	7.8	9.4	16	20.5

附录 D 选择筒式柴油打桩、自由落锤打桩桩锤参考表

表 D.0.1 选择筒式柴油打桩桩锤参考表

柴油锤型号	25	35	45	60
冲击体质量/t	2.5	3.5	4.5	6
锤体总质量/t	6.5	7.2	9.6	15
常用冲程/m	1.8～3.2			
适用管桩规格/mm	300	300～400	400～500	500～600
桩尖可进入的土层	坚硬土层、中密或密实卵石层、中风化岩石			
锤的常用控制贯入度/（cm/10击）	2～3	2～5	3～5	3～6
单桩竖向极限承载力/kN	1 000～1 600	1 200～3 000	3 000～5 000	4 000～6 000

表 D.0.2 选择自由落锤打桩桩锤参考表

锤重/t	4.0	6.0	8.0
落距/m	1.0～1.5		
适用管桩规格/mm	300	300～400	500～600
桩尖可进入的土层	坚硬土层、中密或密实卵石层、中风化岩石		
锤的常用控制贯入度/（mm/10击）	20～30	20～50	20～50
单桩竖向极限承载力/kN	1 000～1 600	1 600～3 600	3 000～5 000

192

附录 E 压桩机基本参数表

表 E 压桩机基本参数表

型号	最大压桩力 /kN	压桩速度 /（m/min）	压桩行程 /m	履靴每次回转角度/（°）	整机质量/t （不含配重）
120	1 200				≤60
160	1 600		≥14		≤80
200	2 000	≥1.8			≤90
240	2 400				≤110
280	2 800				≤120
320	3 200		≥1.5		≤125
360	3 600				≤130
400	4 000			≥10	≤140
450	4 500	≥1.5			≤150
500	5 000				≤160
550	5 500				≤170
600	6 000				≤180

注：压桩机的接地压强、行走速度、压桩速度、压桩行程、工作吊
性能、主要外型尺寸及拖运尺寸等具体参数各厂不同，可参阅
各厂的压桩机说明书。

附录 F 钻（冲）孔、旋挖桩机械选用参考表

表 F.0.1 钻（冲）孔机具的适用范围

成孔机具	适用范围
潜水钻	黏性土、粉土、淤泥、淤泥质土、砂土、强风化岩、软质岩
回转钻（正反循环）	碎石类土、砂土、黏性土、粉土、强风化岩、软质与硬质岩
冲抓钻	碎石类土、砂土、砂卵石、黏性土、粉土、强风化岩
冲击钻	适用于各类土层及风化岩、软质岩

表 F.0.2 旋挖成孔机具参考表

钻机型号	钻进扭矩 /（kN·m）	土质条件	钻头种类
220 型以下	≤220	淤泥、黏土层及填土	单层底钻斗，小孔径可采用开体式钻斗或带卸土板钻斗
220 型	220	黏性不强土层、砂土、胶结较差粒径较小的卵石层	双底捞砂钻斗
		非含水性土层、冻土层	直螺旋、锥螺旋钻头
		强风化岩层	锥螺旋钻头和双底旋挖钻
260 型	260	中风化基岩	截齿筒钻、锥螺旋钻头、双底截齿捞砂斗
		碎石、卵石地层	筒钻或双层筒钻
280 型	280	漂石及大卵石层	冲抓锥钻头及卵石筒式钻头
280 型以上	>280	微风化基岩	截齿筒钻及锥螺旋钻头配合，或采用牙轮筒钻配合锥螺旋钻头

附录 G 常用土方机械及选择

表 G 常用土方机械及选择

机械名称、特性	作业特点及辅助机械	适用范围
推土机： 操作灵活，运作方便，需工作面小，可挖土、运土。易于转移，行驶速度快。应用广泛	1.作业特点： （1）推平；（2）运距100 m内的堆土（效率最高为60 m）；（3）开挖浅基坑；（4）推送松散的硬土、岩石；（5）回填、压实；（6）配合铲运机助铲；（7）牵引；（8）下坡坡度最大35°，横坡最大为10°。几台同时作业，前后距离应大于8 m。 2.辅助机械： 土方挖后运出需配备装土、运土设备，推挖三、四类土，应用松土机预先翻松	1.推一～四类土； 2.找平表面，场地平整； 3.短距离移挖作填，回填基坑（槽）、管沟并压实； 4.开挖深不大于1.5 m的基坑（槽）； 5.堆筑高1.5 m内的路基、堤坝； 6.拖羊足碾； 7.配合挖土机从事集中土方、清理场地、修理开道等
铲运机： 操作简单灵活，不受地形限制，不需特设措施，准备工作简单，能独立工作。不需其他机械配合能完成铲土、运土、卸土、填筑、压实等工序。行驶速度快，易于转移；需用劳力少，动力少，生产效率高	1.作业特点： （1）大面积整平；（2）开挖大型基坑、沟渠；（3）运距800 m～1 500 m内的挖运土（效率最高为200 m～350 m）；（4）填筑路基、堤坝；（5）回填压实土方；（6）坡度控制在20°以内。 2.辅助机械： 开挖坚土时需用推土机铲平。开挖三、四类土宜先用松土机预先翻松200 mm～400 mm；自行式铲运机用轮胎行驶。适合于长距离，但开挖亦须用助铲	1.开挖含水率27%以下的一～四类土； 2.大面积场地平整、压实； 3.运距800 m内的挖运土方； 4.开挖大型基坑（槽）、管沟，填筑路基等。但不适于砾石层、冻土地带及沼泽地区使用

机械名称、特性	作业特点及辅助机械	适用范围
正铲挖掘机： 装车轻便灵活回转速度快，移位方便；能挖掘坚硬土层，易控制开挖尺寸。工作效率高	1.作业特点： （1）开挖停机面以上土方；（2）工作面应在 1.5 m以上；（3）开挖高度超过挖土机挖掘高度时，可采用分层开挖；（4）装车外运。 2.辅助机械： 土方外运应配备自卸汽车，工作面应有推土机配合平土、集中土方进行联合作业	1.开挖含水量不大于 27%的一～四类土和经爆破后的岩石与冻土碎块； 2.大型场地整平土方； 3.工作面狭小且较深的大型管沟和基槽路堑； 4.独立基坑； 5.边坡开挖
反铲挖掘机： 装车轻便灵活回转速度快，移位方便；能挖掘坚硬土层；工作效率低于正铲挖掘机	1.作业特点： （1）开挖停机面以下土方，合理开挖深度 1.5 m～3.0 m；（2）开挖深度超过挖土机挖掘高度时，可采用分层开挖；（3）装车外运 2.辅助机械： 土方外运应配备自卸汽车，工作面可以有推土机、铲运机配合，亦可以弃土于坑槽附近	1.开挖一～三类土，适用于湿土、含水量较大以及地下水位以下的土方开挖； 2.适用于开挖深度不大于 4 m的基坑、基槽、管沟和路堑； 3.场地整平土方； 4.独立柱基
拉铲挖掘机： 可挖深坑，挖掘半径及卸载半径大，操纵灵活性较差	1.作业特点： （1）开挖停机面以下土方；（2）可装车和甩土；（3）开挖截面误差较大；（4）可将土甩在基坑（槽）两边较远处堆放。 2.辅助机械： 土方外运需配备自卸汽车、推土机，创造施工条件	1.挖掘一～三类土，开挖较深较大的基坑（槽）、管沟； 2.大量外借土方； 3.填筑路基、堤坝； 4.挖掘河床； 5.不排水挖取水中泥土

机械名称、特性	作业特点及辅助机械	适用范围
抓铲挖掘机： 　钢绳牵拉灵活性较差，工效不高，不能挖掘坚硬土；可以装在简易机械上工作，使用方便	1.作业特点： 　（1）开挖直井或沉井土方；（2）可装车或甩土；（3）排水不良也能开挖；（4）吊杆倾斜角度应在45°以上，距边坡应不小于2 m。 2.辅助机械： 　土方外运时，按运距配备自卸汽车	1.土质比较松软，施工面较狭窄窄的深基坑、基槽； 　2.水中挖取土，清理河床； 　3.桥基、桩孔挖土； 　4.装卸散装材料
装载机： 　操作灵活，回转移位方便、快速；可装卸土方和散料，行驶速度快	1.作业特点： 　（1）开挖停机面以上土方；（2）轮胎式只能装松散土方，履带式可装较实土方；（3）松散材料装车；（4）吊运重物，用于铺设管道。 2.辅助机械： 　土方外运需配备自卸汽车，作业面需经常用推土机平整并推松土方	1.外运多余土方； 　2.履带式改换挖斗时，可用于开挖； 　3.装卸土方和散料； 　4.松散土的表面剥离； 　5.地面平整和场地清理等； 　6.回填土； 　7.拔除树根

附录 H　基坑监测

H. 0. 1　基坑工程施工前，应由建设方委托具备相应资质的第三方对基坑工程实施现场监测。监测单位应编制监测方案，监测方案需经建设方、设计方、监理方等认可，必要时还需与基坑周边环境涉及的有关管理单位协商一致后方可实施。

　　1　监控方案应包括下列内容：

　　　　1）工程概况；

　　　　2）建设现场岩土工程条件及基坑周边环境状况；

　　　　3）监测目的和依据；

　　　　4）监测内容及项目；

　　　　5）基准点、监测点的布设和保护；

　　　　6）监测方法及精度；

　　　　7）监测期和监测频率；

　　　　8）监测报警及异常情况下的监测措施；

　　　　9）监测数据处理与信息反馈；

　　　　10）监测人员的配备；

　　　　11）监测仪器设备及检定要求；

　　　　12）作业安全及其他管理制度。

　　2　执行现行国家标准《建筑基坑工程监测技术规范》GB 50497 及地方标准《四川省建筑地基基础检测技术规范》DBJ51/T014 的相关规定。

H. 0. 2　开挖深度大于等于 5 m 或开挖深度小于 5 m 但现场地质情况和周围环境较复杂的基坑工程以及其他需要监测的基

坑工程应实施基坑工程监测。基坑工程监测项目可按表 H.0.2 选择。

表 H.0.2　基坑监测项目表

监测项目	支护结构安全等级		
	一级	二级	三级
支护结构顶部水平位移	应测	应测	应测
基坑周边建（构）筑物、地下管线、道路沉降	应测	应测	应测
坑边地面沉降	应测	应测	宜测
基坑底隆起	应侧	宜测	选测
土侧向变形	应侧	宜测	选测
支护结构深部水平位移	应测	应测	选测
锚杆拉力	应测	应测	选测
支撑轴力	应测	应测	选测
挡土构件内力	应测	宜测	选测
支撑立柱沉降	应测	宜测	选测
挡土构件、水泥土墙沉降	应测	宜测	选测
地下水位	应测	应测	选测
土压力	宜测	选测	选测
孔隙水压力	宜测	选测	选测

注：表内各监测项目中，仅选择实际基坑支护形式所含有的内容。

H.0.3　安全等级为一级、二级的支护结构，在基坑开挖过程与支护结构使用期间，必须进行支护结构的水平位移监测和基坑开挖影响范围内建（构）筑物、地面的沉降监测。

H.0.4　当监测值相对稳定时，可适当降低监测频率。当出现下列情况之一时，应提高监测频率：

1 监测数据达到报警值；

2 监测数据变化较大或者速度加快；

3 存在勘察未发现的不良地质；

4 超深、超长开挖或未及时加支撑等违反设计工况施工；

5 基坑及周边大量积水、长时间连续降雨、市政管道出现泄漏；

6 基坑附近地面荷载突然大增或超过设计限值；

7 支护结构出现开裂；

8 周边地面突发较大沉降或出现严重开裂；

9 邻近建筑突发较大沉降、不均匀沉降或出现严重开裂；

10 基坑底部、侧壁出现管涌、渗漏或流沙等现象；

11 基坑工程发生事故后重新组织施工；

12 出现其他影响基坑及周边环境安全的异常情况。

H.0.5 基坑监测技术成果包括当日报表、阶段性报告和总结报告。

1 当日报表应包括下列内容：

1） 当日的天气情况和施工现场的工况；

2） 仪器监测项目各监测点的本次测试值、单次变化值、变化速率以及累计值等，必要时绘制有关曲线图；

3） 巡视检查的记录；

4） 对监测项目应有正常或异常、危险的判断性结论；

5） 对达到或超过监测报警值的监测点应有报警标示，并有分析和建议；

6） 对巡视检查发现的异常情况应有详细描述，危险情况应有报警标示，并有分析和建议；

7） 其他相关说明。

2 阶段性报告内容应包括下列内容：

1）该监测阶段相应的工程、气象及周边环境概况；

2）该监测阶段的监测项目及测点的布置图；

3）各项监测数据的整理、统计及监测成果的过程曲线；

4）各监测项目监测值的变化分析、评价及发展预测；

5）相关的设计和施工建议。

3 总结报告应包括下列内容：

1）工程概况；

2）监测依据；

3）监测项目；

4）监测点布置；

5）监测设备和监测方法；

6）监测频率；

7）监测报警值；

8）各监测项目全过程的发展变化分析及整体评述；

9）监测工作结论与建议。

H.0.6 监测结束阶段，监测单位应向建设方提供下列资料，并按档案管理规定，组卷归档。

1 基坑工程监测方案；

2 测点布设、验收记录；

3 阶段性监测报告；

4 监测总结报告。

本规程用词说明

1 为便于在执行本规程时区别对待，对要求严格程度不同的用词，说明如下：

1）表示很严格，非这样做不可的：

正面词采用"必须"，反面词采用"严禁"。

2）表示严格，在正常情况下均应这样做的：

正面词采用"应"，反面词采用"不应"或"不得"。

3）表示允许稍有选择，在条件许可时，首先应这样做的：

正面词采用"宜"，反面词采用"不宜"。

4）表示有选择，在一定条件下可以这样做的，采用"可"。

2 条文中指明应按其他有关标准执行的写法为"应符合……要求或规定"或"应按……执行"。

引用标准名录

1 《建筑工程施工质量验收统一标准》GB 50300
2 《建筑地基基础工程施工质量验收规范》GB 50202
3 《建筑地基基础工程施工规范》GB 51004
4 《建筑地基基础设计规范》GB 50007
5 《建筑边坡工程技术规范》GB 50330
6 《建筑基坑工程监测技术规范》GB 50497
7 《建筑施工场界环境噪声排放标准》GB 12523
8 《复合地基技术规范》GB/T 50783
9 《建筑地基基础术语标准》GB/T 50941
10 《建筑基桩检测技术规范》JGJ 106
11 《建筑地基处理技术规范》JGJ 79
12 《建筑桩基技术规范》JGJ 94
13 《建筑施工现场环境与卫生标准》JGJ 146
14 《公路桥涵施工技术规程》JTJ 041
15 《高压旋喷注浆技术规程》YSJ 216
16 《建筑地基基础检测技术规范》DBJ51/T014